国家级高技能人才培训基地建设项目成果教材

制浆造纸仪表及自动化

主　　编　陈　黔　张惠玲

责任主审　梁　勤　曾淮海

审　　稿　江　宁　李福琉

北　京

冶金工业出版社

2017

内 容 提 要

本书共分 10 章，重点介绍了制浆造纸生产过程中主要工艺参数检测方法、测量数据的处理，合理选择和使用相关仪表，目的是使读者具备能够分析和解决制浆造纸生产过程自动控制方面问题的能力，能运用自动控制的基本原理去设计简单控制系统，了解过程检测仪表、过程控制仪表、控制系统等在制浆造纸生产过程中的应用。

本书作为高职高专与中职中专制浆造纸专业教材（配有教学课件），也可作为企业培训用书或相关专业技术人员的参考书。

图书在版编目（CIP）数据

制浆造纸仪表及自动化/陈黔，张惠玲主编 . —北京：冶金工业出版社，2017.4

国家级高技能人才培训基地建设项目成果教材

ISBN 978-7-5024-7494-2

Ⅰ.①制… Ⅱ.①陈… ②张… Ⅲ.①造纸工业—自动化仪表—技术培训—教材 Ⅳ.①TS73

中国版本图书馆 CIP 数据核字（2017）第 080891 号

出 版 人 谭学余
地　　址 北京市东城区嵩祝院北巷 39 号 邮编 100009 电话 （010）64027926
网　　址 www.cnmip.com.cn 电子信箱 yjcbs@cnmip.com.cn
责任编辑 俞跃春 美术编辑 杨 帆 版式设计 孙跃红
责任校对 郑 娟 责任印制 李玉山
ISBN 978-7-5024-7494-2
冶金工业出版社出版发行；各地新华书店经销；三河市双峰印刷装订有限公司印刷
2017 年 4 月第 1 版，2017 年 4 月第 1 次印刷
787mm×1092mm　1/16；7.75 印张；183 千字；114 页
28.00 元

冶金工业出版社　投稿电话　（010）64027932　投稿信箱　tougao@cnmip.com.cn
冶金工业出版社营销中心　电话　（010）64044283　传真　（010）64027893
冶金书店　地址　北京市东四西大街 46 号（100010）　电话　（010）65289081（兼传真）
冶金工业出版社天猫旗舰店　yjgycbs.tmall.com
（本书如有印装质量问题，本社营销中心负责退换）

前　言

为了贯彻落实国家高技能人才振兴计划精神，满足行业企业技能培训需求，由多年从事制浆造纸专业的教师和行业企业专家在充分调研的基础上，根据当前制浆造纸行业对人才的需求情况，按照行业和职业岗位的任职要求，参照相关的职业资格标准，编写了本教材。本教材以提升高技能人才培训能力为核心，以建设一流的高技能人才培训基地为目标，以"教育对接产业、学校对接企业、专业设置对接职业岗位、课程对接职业标准、教学过程对接生产过程"为原则，深入浅出，通俗易懂，突出科学性和实用性。

随着我国制浆造纸技术的不断发展，在生产过程中大量采用先进的装置和设备，使得自动化程度显著提高，不仅节约了生产成本，还大幅度提高了生产效率，为企业创造了更多的经济效益。自动化技术的进步为工业生产注入了新的活力，它淘汰陈旧的生产方式，采用新的技术实现生产过程的自动化，起到节约能源、改善劳动条件、保护环境卫生、提高市场竞争能力和提高社会效益的作用。在这样的形势下，要求从事制浆造纸的工程技术人员应该学习和掌握制浆造纸生产过程自动化的基本知识，以适应制浆造纸工业现代化的需要。

编写本书的目的是使读者能够了解和掌握制浆造纸生产过程中主要工艺参数的检测方法，测量数据的处理，合理选择和使用相关仪表；具备能够分析和解决制浆造纸生产过程自动控制方面问题的能力，能运用自动控制的基本原理去设计简单控制系统。了解过程检测仪表、过程控制仪表、控制系统等在制浆造纸生产过程中的应用。

本书配套教学课件可从冶金工业出版社官网（http：//www.cnmip.com.cn）教学服务栏目中下载。

本书由陈黔院长、张惠玲担任主编。编写人员由江宁、梁忠杰、赖建萍、陈元、陈晓芳、杨红梅、周丽东、李萍、叶春保组成。梁勤副院长和教务科长曾淮海担任责任主审，并在编写过程中给予了大力支持和指导；江宁、李福琉副科长也对成稿进行审定，并提出了很多宝贵的意见。本书参考借鉴了张东风主编的《热工测量及仪表》；厉玉鸣主编的《化工仪表及自动化》等书籍。值此教材出版之际，谨向参加本书编写、审定和给予支持帮助的专家以及参考材料的作者表示衷心的感谢。

由于编者水平有限，书中不妥之处，恳请读者批评指正。

编　者
2016 年 12 月

目　录

模块1 制浆造纸过程测量仪表

学习情境描述

在制浆造纸生产过程中，人们为了了解、监测和控制某个生产过程或工作状态，例如蒸煮、洗浆、碱回收、漂白或长网纸机抄纸等生产过程，使之处在设计的最佳状况下运行，就必须随时掌握生产过程中的各种参数，要求随时检查、测量和监视这些参数的大小、变化等情况，确保设备的安全运行及生产的稳定、连续运行。因此，需要了解过程参数检测的基本知识及过程测量需要用到的仪表。

本学习情境主要完成两个学习性工作任务：

(1) 过程参数检测的基本概念。

(2) 认识过程测量仪表。

任务1.1 过程参数检测的基本概念

学习目标：掌握测量的定义与测量误差。

能力目标：(1) 能用所学的专业术语描述测量过程。

(2) 会计算测量结果的相对误差和绝对误差。

(3) 会使用简单的直读式仪表进行检测，会记录、分析和处理数据。

1.1.1 知识准备

在制浆造纸生产过程中，为了有效地控制生产，实现高产、优质、安全和低耗，就必须对生产过程中遇到的各种工艺变量进行测量和控制。测量这些工艺变量的仪表称为测量仪表。制浆造纸的生产过程中的工艺变量包括五个，即温度、压力、流量、物位和组分。测量的工艺参数主要包括浆的浓度、流量、液位、纸页的含水量及定量等。在生产过程中，需要准确而及时地采集和了解这些参数来控制生产过程，通过控制工艺参数来确保生产出合格、优质的产品。

1.1.1.1 检测的定义、测量与测量误差

从一般意义上说，检测就是认识，检测就是借助于专门的技术工具通过实验、计算而获得被测量的值（大小和方向）。由此可见，检测是获取信息的过程。

在日常生活中，有时需要测量某个物体的高度，用米尺作标准长度单位与该物体的高度进行比较，得出该物体的高度的测量数值。这种用测量工具与被测物直接进行比较的方

法称为直接测量法。直接测量的优点是简单而迅速，缺点是测量精度不容易做到很高。这种测量方法在工程上大量采用。

工业生产过程中的各种参数，在很多情况下不能通过直接测量获得数值，而是要借助专门的工具，通过能量的变换、实验和计算最后得出结果，这种方法称为间接测量。例如，对生产过程中的纸张的厚度进行测量时无法直接测量，只能通过测量与厚度有确定函数关系的单位面积重量来间接测量。因此间接测量比直接测量来得复杂，但有时可以得到较高的测量精度。

在一些特殊的场合，只通过直接测量或间接测量的方法是没法得到测量结果的，既用到直接测量也用到间接测量，根据测得的数据联立方程组才能得到最后结果，这种方法称为组合测量。对组合测量，测量过程复杂，花费时间长，是一种特殊的精密测量方法。一般适用于科学实验或特殊场合。

在实际测量工作中，一定要从测量任务的具体情况出发，经过认真分析后，再决定采取哪种测量方法。测量过程，实质上是用测量仪器或工具去测量一个物体或生产过程中某一参数的过程。测量仪表就是实现这种测量的工具。

随着科学技术的进步，生产企业采用先进的设备，使得自动化水平不断提高，对过程检测的要求也越来越高，学习过程检测仪表方面的知识，对于管理和开发现代化生产过程是非常必要的。在过程检测过程中，经常会用到以下几个术语：

（1）测量对象。在检测领域中，把测量过程中使用的测量仪表或工具称为测量对象。

（2）被测参数。它指被测量的指标，也称为被测量、过程参数或过程变量等。

（3）被测对象。它指被测量的物体或生产过程，有时也称为被测介质。

（4）测量值。它指从测量对象上得到的被测参数的数值或结果。

（5）真值。它指被测量参数的真实值，它是一个理想概念，一般无法得到。

（6）测量范围。被测量参数的数值变化范围或测量仪表的输入范围。

（7）量程。它是指测量工具测量的范围，数值上等于测量工具的上限值与下限值之差。

测量方法按测量的手段分为直接测量、间接测量和组合测量，根据被测参数和测量过程的特点，有时也将测量分为以下三类：

（1）静态测量和动态测量。测量中被测量不随时间变化或变化缓慢，称为静态测量。被测量随时间迅速变化，称为动态测量。

（2）接触式测量和非接触式测量。接触式测量是指敏感元件或传感器与被测介质直接接触。非接触式测量是指敏感元件或传感器不直接与被测介质接触。

（3）在线测量和非在线测量。在线测量是指连续不断地采集数据并实时进行分析。非在线测量也称离线测量，是对脱离生产（或加工）过程的介质参数进行测量。

制浆造纸生产过程中，要测量的参数主要有温度、压力、流量、液位、组分等。这五个参数在工业生产过程中十分重要，常被称为化工生产过程的五大参数。对这些参数的测量，采取了以上所说的多种测量方法。测量的准确性和及时性，直接影响操作人员或企业管理者对生产过程的判断、控制或决策。可见，测量在工业生产过程中的地位是十分重要的。没有测量，生产就无法正常进行。

1.1.1.2　测量误差的定义与分类

A　测量误差

测量的目的是希望通过测量求取被测未知量的真实值，在实际测量中，由于种种原因，造成被测参数的测量值与其真实值并不一致，即存在测量误差。从理论上讲，不管采取什么测量方法或测量工具，只要进行测量，都会产生误差，没有误差的测量是不存在的。测量误差的表示方法有以下几种：

（1）绝对误差。绝对误差是指测量结果的测量值与被测量的真实值之间的差值。可表示为

$$\Delta = X - T$$

式中　X——测量值；

　　　T——真值；

　　　Δ——绝对误差。

（2）相对误差。绝对误差可以说明被测量的测量结果与真实值的接近程度，但不能说明不同值的测量精确程度。例如，测量 100kg 的重物时，绝对误差是 ±0.1kg；测量 1000kg 的重物时，绝对误差也是 ±0.1kg。显然，后一种方法的测量精度高于前者。为了表示和比较测量结果的精确程度，经常采用误差的相对表示形式。

相对误差是指绝对误差除以被测量的真实值，一般用百分数表示。可表示为

$$\delta = \frac{\Delta}{T} \times 100\%$$

式中　δ——相对误差；

　　　Δ——绝对误差；

　　　T——真值。

对于大小不同的测量值，相对误差比绝对误差更能反映测量的准确程度，相对误差越小，测量的准确性越高。

B　测量误差的分类

根据误差出现的规律，可分为系统误差、随机误差和疏忽误差三类。

（1）系统误差。它是指对同一被测参数进行反复多次的测量时，出现的大小和符号均不改变的误差，或在条件改变时，变化有一定的规律性的误差，因此系统误差也称为规律误差。如仪表本身存在缺陷，湿度、温度、电源电压等环境条件的变化造成的误差均属于系统误差。

（2）随机误差。它是指对同一被测参数进行反复多次的测量时，出现的大小和符号均不相同的误差，称为偶然误差。如电磁干扰和同一个操作者每次读数时不可能保持一致不变的准确度等，由这些原因引起的误差均属于随机误差。

随机误差在多次测量时，总体服从统计规律，可以通过多次测量算术平均值的方法削弱随机误差对测量结果的影响。

（3）疏忽误差。由于人为原因在读取或记录测量数据时，疏忽大意所造成的测量值明显偏离实际值所形成的误差，这类误差称为疏忽误差。产生疏忽误差的原因主要有：操作

者经验缺乏、操作不当或责任心不强而造成的读错刻度、记错数字或计算错误；测量条件发生变化，造成仪表指示值突然改变等。

疏忽误差可以克服，因此在工作中一定要仔细、认真，避免这类误差的发生。

1.1.2　工作任务

（1）任务描述。通过检测实例理解测量的定义，填写表 1-1。

（2）任务实施。器具：一把卷尺，一根导线或其他线段（长度约 2.5m）。

表 1-1　测量值与单位的关系分析

序　号	工　作　过　程	倍数（测量结果）
步骤 1	以 1mm 为标准量，比较线长与 1mm 长度的倍数关系	
步骤 2	以 1cm 为标准量，比较线长与 1cm 长度的倍数关系	
步骤 3	以 1dm 为标准量，比较线长与 1dm 长度的倍数关系	
步骤 4	以 1m 为标准量，比较线长与 1m 长度的倍数关系	
步骤 5	思考：选取不同的测量单位，所得测量值是否相同？总结，得出结论	

1.1.3　拓展训练

阅读下面文字，说出哪些是直接测量、间接测量或组合测量？

（1）用水银温度计测量温度。

（2）用天平称物体重量。

（3）用卷尺量物体的长度。

任务 1.2　认识过程测量仪表

学习目标：（1）掌握检测仪表的基本概念。

　　　　　（2）熟悉过程测量仪表的基本组成及其功能。

　　　　　（3）掌握过程检测仪表主要品质指标。

能力目标：能组建简单的测量系统。

1.2.1　知识准备

检测仪表是指检测过程中所用到的所有仪器或装置。测量仪表种类繁多，形式多样，功能和用途各不相同。有些仪表在外观上差异较大，但作用相同；有些仪表外观或形式上相近，但结构和原理并不相同。在工业现场，有的工艺参数只需要现场就地指示，用一块仪表就能实现。更多的时候，为了对生产过程有一个全面的了解，以便对生产过程进行集中控制，需要把现场的过程参数在控制室中集中显示。这种情况下，完成一个参数的检测就会是一个由多块检测仪表构成的系统。由若干检测仪表来完成某一个或多个参数测量所构成的系统称为检测系统。

工业生产过程中要测量的参数很多，测量仪表的种类也很多，但测量仪表的基本环节有共同之处。测量仪表通常由感受部件、中间部件和显示部件三部件组成。如图 1-1 所示，三部分可以独立存在也可以结合成整体。

图 1-1　过程检测仪表组成示意图

感受部件也称一次仪表，它直接与被测量对象相联系，感受被测参数的大小和变化，并将被测参数信号转换成相应的便于进行测量和显示的信号输出。仪表能否快速、准确地反映被测参数的大小，很大程度上取决于感受部件。中间部件将感受件输出的信号进行放大和转换或直接传输给显示件，使之传递或转换的信号适应显示件的要求。显示部件接受中间部件送来的信号并向测量者或观察者显示被测参数的大小和变化。

（1）感受部件。感受部件又称敏感元件，是能够灵敏地感受被测变量并作出响应的元件，又称一次仪表。它是能感知并检测出被测对象信息的装置。

感受部件通常指传感器，是"能把特定的被测量信息（包括物理量、化学量、生物量等）按一定规律转换成某种可用信号输出的器件或装置"，简单地说，是提供与输入量有确定关系的输出量的器件。

所谓可用信号，是指便于显示、记录、处理、控制和远距离传输的信号。目前传感器的可用信号主要是电信号，即把外界非电信息转换成电信号输出。随着科学技术的发展，传感器的输出更多的将是光信号，因为光信号更便于快速、高效地处理与传输。

传感器的输出能否精确、快速和稳定地与被测参数相转换，取决于测量系统的好坏。理想的敏感元件应满足以下要求：

1）敏感元件应该只对被测量的变化敏感，而对非被测量的输入信号不敏感。

2）输出信号与被测参数的变化之间应该有稳定的单值函数关系，最好呈线性，并有较高的灵敏度。

3）在测量过程中，敏感元件应该不干扰或尽量少干扰被测介质的状态。

4）其他。如反应快、迟延小、价格低等。

当然，实际使用的敏感元件几乎都不能满足上述要求，通常都要求它们有一定的使用条件，并采用补偿、修正等技术手段，以保证其测量的精确度。

（2）中间部件。中间部件也称传输变换部件，作用是把检测部分输出的信号进行放大、转换、滤波、线性化处理，并根据显示部件的要求传送给显示部件。

中间部件又细分为传输通道和变换器。传输通道是仪表各环节间输入、输出信号的连接部分，有电线、光导纤维和管路等。变换器又叫变送器，它可以根据要求将感受部件的输出信号变换为相应的其他输出量，如电压、电流等，再送到显示部件。对变换器的要求是：精确度高，性能稳定，使信息损失最小。

（3）显示部件。显示部件也称二次仪表，它的作用是接受中间部件送来的信号并将其转换为测量人员或观察者可以辨识的信号。例如将测量结果用数字值、文字符号、图像、指针等的形式显示出来。

　　显示仪表根据显示方式的不同，一般分为模拟显示仪表、数字显示仪表、图像式显示仪表三种类型。常见的显示仪表有水银温度计、玻璃管液位计、弹簧压力表、数字显示表等。

　　模拟显示仪表在 20 世纪 60 年代居多，通常用指针指示刻度值，配上记录纸或信号器来显示被测参数的大小和变化趋势，有的模拟显示仪表具有越限报警功能，也有用图形、图像来显示被测量的。目前在生产中广泛使用的是数字式和图像显示装置。数字显示直接以数字形式显示被测量值；屏幕显示仪表可显示数值，也可显示模拟图形曲线，可以把工艺参数的变化量以数字、符号、文字和图像的形式在屏幕上进行显示，并具有存储、记忆功能，是现代自动控制系统中不可缺少的设备。

　　对一块检测仪表进行了解、分析时，除了看它的外形结构，还必须看它的铭牌和说明书，了解它的技术性能指标。仪表有如下一些衡量其性能优劣的基本指标。

1.2.1.1　量程

　　量程是指仪表能接受的输入信号范围。它在数值上等于测量的上限值与测量的下限值之差。例如：测压范围为 −100kPa ～ +800kPa，则上限值为 +800kPa，下限值为 −100kPa，量程为 900kPa。一般规定：正常测量值在满刻度的 50% ～ 70%。若为方根刻度，正常测量值在满刻度的 70% ～ 85%。量程的选择是仪表使用中要特别注意的。

1.2.1.2　精确度

　　仪表的精确度简称精度，反映了仪表测量值接近真实值的准确程度，一般用相对百分误差表示。精度包含正确度和精密度两个方面的内容。

　　任何仪表都有一定的误差。因此，在使用仪表时必须先知道仪表的精确程度，以便估计测量结果与真实值的差距，即估计测量值的误差大小。

　　相对百分误差是由仪表的绝对误差与该表量程的百分比表示，即

$$\gamma_c = \frac{x - x_0}{A_{max} - A_{min}} \times 100\%$$

式中　　x——测量值；

　　　　x_0——真值；

　　　　A_{max}——仪表的上限值；

　　　　A_{min}——仪表的下限值。

　　国家对每种仪表都规定了正常使用时的最大允许误差，即允许误差。在仪表的量程范围内，各示值点的误差不能超过允许误差，否则该仪表为不合格仪表。目前，我国仪表的精度等级划分为：0.005，0.02，0.05，0.1，0.2，0.35，0.5，1.0，1.5，2.5，4.0 等。其中，工业用的仪表精度等级一般为 0.5 ～ 4.0 级。仪表刻度盘上通常以圆圈或三角内的数字标注该表的精度等级。例如标注符号为 △₃₅、③₅ 的仪表，表示该表的精度等级为 3.5。数字越小，说明该表的精度越高，测量的结果越准确。仪表的精度是衡量仪表质量优劣的重要指标之一。如一块仪表的精度等级是 0.35 级，则表明该仪表最大相对百分误差不能超过 ±0.35%。在选择仪表或仪表校验时应予注意。

1.2.1.3   灵敏度

灵敏度是反映仪表对输入变量变化的灵敏程度的指标，它在数值上等于输出变化量 Δy 与输入变化量 Δx 的比值。即

$$灵敏度 = \frac{\Delta y}{\Delta x}$$

灵敏度数值越大，表明仪表的灵敏度越高。一块仪表的灵敏度越高，给它一个微小的输入信号，就会引起较大的指示变化。例如：给两台不同的电流表分别输入 $5\mu A$ 和 $3mA$ 的电流时，指针产生相同的偏转角度，则第一台电流表测量电流时的灵敏度比第二台电流表高。

1.2.1.4   变差

外界条件不变，用同一台仪表对某个参数值进行由小到大的正行程和由大到小的反行程测量时，同一变量却得出不同的数值，两者的偏差称为该点的变差。有时候也称为回差或回程误差。当仪表的变差超过仪表的允许误差时，必须进行检修，否则不能继续使用。

1.2.2   工作任务

1.2.2.1   任务描述

有三块精度等级分别为 1.5 级、2.5 级、4.0 级的测温仪表，它们对应的测温范围分别是 $0 \sim +600℃$、$0 \sim +500℃$、$-100 \sim +300℃$。现要测量 $-150 \sim +350℃$ 的温度，要求测量值的绝对误差不超过 $\pm 10℃$，问应该选用哪块测温仪表？

1.2.2.2   任务实施

[思考]   精度等级为 1.5 级、2.5 级的两只测温仪表的量程满足测量要求；精度等级为 4.0 级的测温仪表的量程不满足要求，所以不能选用。为了监控温度误差不超过 $\pm 10℃$，应计算两块量程符合要求的仪表的允许误差值。

[解]   精度等级为 1.5 级的仪表允许误差 $= \pm 1.5\% \times (600 - 0) = \pm 9℃$

精度等级为 2.5 级的仪表允许误差 $= \pm 2.5\% \times (500 - 0) = \pm 12.5℃$

根据分析计算的结果，只有精度等级为 1.5 级的仪表的准确度满足要求，所以应选该表。

[结论]   正确选择仪表的精度等级，需要进行具体的分析，不能只选精度等级高的仪表。

1.2.3   拓展训练

（1）了解仪表的其他质量指标。

（2）有人试图通过减小压力表表盘刻度的间距来提高仪表的准确度等级，这样做是否能达到目的？

模块 2 温度测量仪表的应用

学习情境描述

表示物体冷热程度、反映物体内部热运动状态的物理量称为温度。温度是工农业生产、科学研究以及日常生活中需要进行测量和控制的最为普遍、最为重要的工艺参数。在制浆造纸生产过程中，从工质到各部件无不伴有温度的变化，对各种工质（如纸浆、碱液、水、蒸汽、药液等）及各部件的温度必须进行密切的监视和控制，以确保生产正常进行和设备安全经济运行。

本学习情境主要完成四个学习性工作任务：

(1) 温度测量仪表的类型。

(2) 热电阻的应用。

(3) 热电偶的应用。

(4) 膨胀式温度计的应用。

任务 2.1 温度测量仪表的类型

学习目标：(1) 了解温度和温标的概念。

          (2) 知道温度测量仪表的分类。

能力目标：能根据检测需要选择合适的温度测量仪表。

2.1.1 知识准备

2.1.1.1 温度和温标

温度是表征物体冷热程度的物理量，是七个基本物理量之一，自然界的许多现象都与温度有关。在制浆造纸生产过程中，温度是重要的工艺参数之一。例如，蒸煮过程中原料和药液的温度，纸机烘缸的温度等等。因此，温度的测量与控制在制浆造纸生产过程中有着重要的作用。制浆造纸生产过程中常用到的测温仪表有压力表式温度计、热电阻温度计、热电偶温度计。

从微观上看，温度标志着物质分子热运动的剧烈程度。温度的宏观概念是建立在热平衡基础上的。当两个温度不相等的物体相互接触时，它们之间必然会发生热交换现象，热量要从温度高的物体传向温度低的物体，直到两物体温度相同时，这种热传递现象才会停止。

温度定义本身并没有提供衡量温度高低的标准，因此不能直接加以测量，只能借助于冷热不同物体间的热交换以及物体的某些物理性质随冷热程度不同而变化的特性来加以间接测量。如果事先已经知道一个物体的某些性质或状态随温度变化的确定关系，就可以以温度来度量其性质或状态的变化情况，这就是设计与制作温度计的数学物理基础。

用来度量物体温度数值的标尺叫做温度标尺，简称温标。温标规定了温度的读数起点（零点）和测量温度的基本单位。目前国际上使用较多的温标有摄氏温标、华氏温标、热力学温标和国际实用温标。摄氏温标、华氏温标均属于经验温标，它是借助于某一种物质的物理量与温度变化的关系，用实验方法或经验公式所确定的温标。

摄氏温标的单位是摄氏度，表示符号为℃。它将标准大气压下水的冰点定为 0℃，水的沸点定为 100℃，在 0～100 之间分成一百等份，每一等份为 1℃。温度变量记作 t。

华氏温标规定在标准大气压下纯水的冰熔点为 32℉，水沸点为 212℉，中间分成180 等份，每一等份为 1 华氏度，单位符号为℉。华氏温度值和摄氏温度值之间的关系为

$$n℃ = (1.8n + 32)℉$$

式中　n——摄氏温度值，℃。

热力学温标又称开尔文（开氏）温标，或称绝对温标，它规定分子运动停止时的温度为绝对零度。热力学温标体现出温度仅与热量有关而与测温物质的任何物理性质无关，是一种理想温标，因此热力学温标是无法实现的。由热力学温标规定的温度称为热力学温度，单位符号为"K"，温度变量记作 T。

2.1.1.2　温度测量仪表的分类

温度测量仪表按测温方式可分为接触式和非接触式两大类。接触式测温仪表的感温元件与被测物体接触，两者达到热平衡时，温度计便显示被测物体的温度值，这种测量方法准确度高。接触式测温仪表比较简单、可靠，测量准确度较高，缺点是大都存在测量延迟现象，而且受耐高温材料的限制，不能应用于很高的温度测量场合。非接触式测温仪表的感温元件不与被测物体接触，利用物体的热辐射能随温度变化的原理测定物体温度，从原理上讲，用这种方法测温无上限，测温范围宽，比接触式测温仪表反应速度快。这种测温方法受环境影响较大，测量误差较大，需要对测量结果进行修正才能得到真实的温度。

温度测量仪表也可按工作原理划分为热电阻式、热电偶式、膨胀式、辐射式等类别；或按仪表精度分基准仪表、标准仪表；也可根据温度范围分为高温、中温、低温仪表等。在工业生产和科学实验中，常用的测温仪表有双金属温度计、压力式温度计、玻璃液体温度计、热电阻温度计、热电偶温度计、光学高温计、比色高温计等，如图 2-1 所示。

2.1.2　工作任务

2.1.2.1　任务描述

阅读表 2-1，认识不同种类的温度计，了解其特点，并能通过比较分析，选择合适的温度计并填写表 2-2。

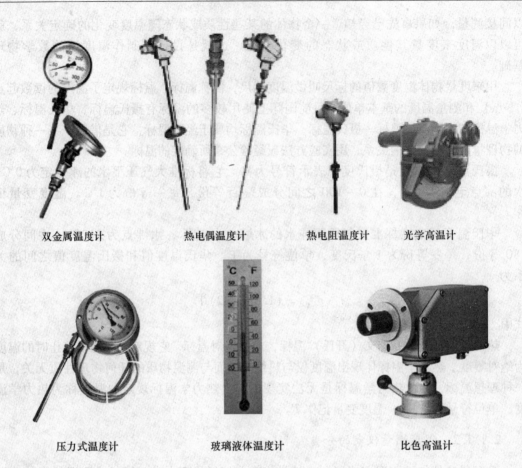

双金属温度计　　　　热电偶温度计　　　　热电阻温度计　　　光学高温计

压力式温度计　　　　　玻璃液体温度计　　　　　　比色高温计

图 2-1　常用的测温仪表

表 2-1　常用的温度计的种类及特点

温度计或传感器类型			测量范围/℃	精度/%	特　点
接触式	热膨胀式	压力　液体	−30 ~ 600	1	坚固、耐振、价格低廉
		压力　气体	−20 ~ 350	1	
		水银	−50 ~ 650	0.1 ~ 1	测量简单方便、易损坏
		双金属	0 ~ 300	0.1 ~ 1	牢固可靠
	热电阻	铂	−260 ~ 600	0.1 ~ 0.3	精度及灵敏度较好
		铜	0 ~ 180	0.1 ~ 0.3	
		镍	−500 ~ 300	0.2 ~ 0.5	
		热敏电阻	−50 ~ 350	0.3 ~ 0.5	体积小，响应快，灵敏度高，线性差
	热电偶	铂铑-铂	0 ~ 1600	0.2 ~ 0.5	种类多、结构简单、应用广泛
		其他	−200 ~ 1100	0.4 ~ 1	
非接触式	光学温度计		700 ~ 3000	1	不干扰被测温度场，辐射率影响小，应用简便
	辐射温度计		800 ~ 3500	1	

表 2-2　温度测量仪表认识及选择

序　号	检　测　要　求	选择仪表类型及理由
1	常压下，测量沸水的温度	
2	测量发电厂油管道的温度，有振动，需就地显示温度	
3	测室外循环水的温度，检测信号需送中控室显示	
4	测锅炉炉膛温度	

2.1.2.2　拓展训练

说说你见过的温度测量仪表有哪些？它们应用在什么场合？

任务 2.2　热电阻的应用

学习目标：（1）热电阻的材料及工作原理。

　　　　　　（2）热电阻的种类和作用。

能力目标：（1）能看懂和使用热电阻温度计分度表。

　　　　　　（2）会把热电阻温度计与显示仪表连接。

2.2.1　知识准备

2.2.1.1　热电阻温度计的材料及工作原理

大多数金属导体的电阻率随温度升高而增大，具有正的温度系数，这就是热电阻测温的基础。在工业上广泛应用的热电阻温度计一般用来测量 $-200 \sim +500$℃ 范围的温度，它在中、低温下具有较高的准确度。热电阻温度传感器与测量电阻阻值的仪表配套组成电阻温度计。

虽然大多数金属导体的电阻值随温度变化而变化，然而并不是所有的金属都能作为测量温度的热电阻。作为测温热电阻的金属材料应具有如下特性：电阻温度系数大，电阻率要大，热容量小；在整个测温范围内应具有稳定的物理和化学性质；电阻与温度的关系最好近似于线性，或为平滑的曲线；并要求容易加工，复制性好，价格便宜。

但是，要同时符合上述要求的热电阻材料实际上是有困难的。目前应用最广泛的热电阻材料是铂和铜，并且已做成标准测温热电阻。同时，也有用镍、铁、铟等材料制成的测温热电阻，如图 2-2 所示。

用导线将热电阻温度计与相应的显示仪表连接起来即可组成一个热电阻温度检测系统。测温时，把工作（测温）端插入被测介质中，显示仪表就会指示出被测介质的温度值。在保护套管的工作端内部，装有一个感受被测温度的感温体，又称电阻体，就是这个检测（感温）元件，把被测温度数值转换成为电阻体一个对应的阻值。

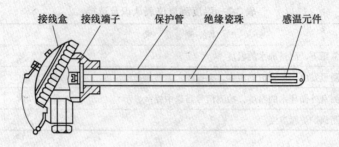

图 2-2　测温热电阻

热电阻的引线方式主要有二线制、三线制、四线制三种，如图 2-3 所示。在热电阻的两端各连接一根导线来引出电阻信号的方式称为二线制。这种引线方法很简单，但由于连接导线必然存在引线电阻 r，r 大小与导线的材质和长度的因素有关，因此这种引线方式只适用于测量精度较低的场合。在热电阻的根部的一端连接一根引线，另一端连接两根引线的方式称为三线制。这种方式通常与电桥配套使用，可以较好的消除引线电阻的影响。工业过程控制中最常用的是三线制。在热电阻的根部两端各连接两根导线的方式称为四线制，其中两根引线为热电阻提供恒定电流 I，把 R 转换成电压信号 U，再通过另两根引线把 U 引至二次仪表。可见这种引线方式可完全消除引线的电阻影响，主要用于高精度的温度检测。

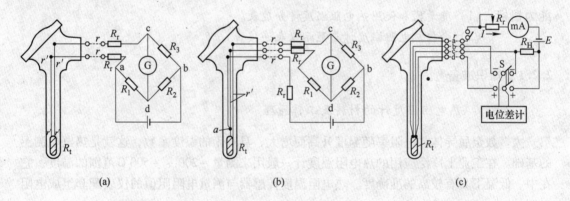

图 2-3　热电阻的引线方式
（a）二线制；（b）三线制；（c）四线制

2.2.1.2　热电阻温度计的种类、分度号和分度表

热电阻根据结构不同，可分为普通型热电阻和铠装热电阻两种。根据安装固定装置不同，可分为活动法兰盘、固定安装法兰盘、固定螺纹和带固定螺栓锥形保护管装置等形式。工业上，最常用的是铂热电阻和铜热电阻。铂热电阻主要有两种形式 Pt10、Pt100；铜热电阻主要有 Cu50 和 Cu100。这两种热电阻都是利用金属的电阻值随温度的变化而变化的原理制成。

分度号 Pt10、Pt100 表示的意义分别是：Pt 表示铂电阻，Pt10 表示当被测温度为 0℃时，铂电阻的电阻值为 10Ω；同样的，Pt100 表示当被测温度为 0℃时，铂电阻的电阻值为 100Ω。它们的测温范围均为 −200 ~ 850℃。测量低于 650℃ 以下的温度时，Pt100 为主；Pt10 主要用于 650℃ 以上的测温。Pt10 耐温性能优于 Pt100，而 Pt100 的分辨率大于 Pt10。同理，分度号 Cu50、Cu100 分别表示，当被测温度为 0℃ 时，铜电阻的起始电阻值也分为 50Ω 和 100Ω 两种规格。铜热电阻的温度系数比铂热电阻的温度系数大、线性好，灵敏度高，价格也低。但其电阻率低，电阻体的体积大，响应慢，稳定性差，一般用在对测量精度要求不是很高的场合。铜热电阻在 −50 ~ 150℃ 的使用范围内，其电阻值与温度的关系几乎是线性的。目前，在化工生产过程中，应用最广泛的热电阻就是铂热电阻和铜热电阻。这两种热电阻的分度表，见附录 1 标准热电阻分度表。其特点比较，见表 2-3。

表 2-3　工业上常见的热电阻

名　称	材料	型　号	分度号	测温范围/℃	插入深度/mm	主　要　特　点
铂热电阻	铂	WZP-121	Pt10 Pt100	−200 ~ 850	75 ~ 1000	精度较高，适用于中性和氧化性介质，稳定性好，具有一定的非线性，温度越高电阻变化率越小，价格较贵
		WZP-230			75 ~ 2000	
		WZP-330			75 ~ 2000	
		WZP-430			75 ~ 2000	
铜热电阻	铜	WZC-130	Cu50 Cu100	−50 ~ 150	75 ~ 1000	在测温范围内电阻值和温度呈线性关系，温度系数大，适用于无腐蚀介质，超过 150℃ 易被氧化，价格便宜
		WZC-230			75 ~ 1000	
		WZC-330			75 ~ 1000	
		WZC-430			75 ~ 1000	

有时，按热电阻温度计适用的一些特殊测温场所，进行分类。如用在易燃易爆场合使用的称为防爆型热电阻，用于测量固体表面温度的叫端面热电阻，用于测量振动设备上的叫带有防震结构的热电阻等。

2.2.1.3　热电阻温度计的组成及各组成部分的作用

普通型热电阻温度计是由感温元件、保护套管、绝缘子、接线盒和连接电阻体与接线盒的引出线等部件组成，如图 2-2 所示。保护套管、绝缘子、接线盒与热电偶基本相同；绝缘子的作用是防止热电阻的引出线在保护套管内短路，造成输出电阻值始终为 0Ω；感温元件是热电阻的核心部件，其作用是将被测温度转换为电阻值对外输出。铂电阻体用银丝作为引出线，而铜电阻体用铜丝或镀银铜丝做引出线，如图 2-4 所示。

随着科学技术的发展热电阻温度计的测量范围低温端可达 1K 左右，高温端可测到 1000℃。热电阻温度计的特点是精度高，适宜于测低温。在 560℃ 以下的温度测量时，它的输出信号比热电偶容易测量。

热电阻常见故障及处理方法，见表 2-4。

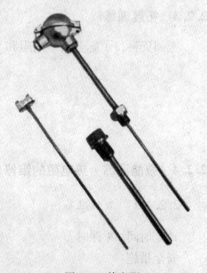

图 2-4　热电阻

表 2-4　热电阻常见故障及处理方法

故障现象	可能原因	处理方法
温度显示误差大	热电阻丝材料受腐蚀变质	更换热电阻
温度示值无穷大	热电阻或引线断路	更换热电阻，找到断点重新接好
温度示值偏低或不稳	保护管内有金属屑、积灰，接线柱处脏污或短路	除去金属屑，清扫灰尘、水滴等，找到短路点，加强绝缘
温度显示负值	热电阻短路或接线错误	找出短路处，修复或更换热电阻，改正接线

2.2.2　工作任务

2.2.2.1　任务描述

（1）将金属电阻体置于热水中，测量电阻值。

（2）计算电阻温度系数。

（3）探索热电阻效应。

2.2.2.2　任务实施

器具：金属热电阻温度计 1 支，热敏电阻 1 只，万用表 1 只，导线若干，水槽 1 只。

步骤 1：选择 1 只铂热电阻温度计；打开接线盒，将电阻体从保护套管中取出；观察电阻丝绕制方式。

步骤 2：先将电阻体置于冰瓶或室温下，测量电阻值。

步骤 3：将电阻体静置于恒温水槽中，测量电阻值。

步骤 4：选择 1 只热电阻，测量电阻值。

步骤 5：将热电阻静置于热水中，测量电阻值。

2.2.3　拓展训练

查阅资料，了解金属热电阻和半导体热电阻的特性。

2.2.4　技能训练　热电阻的维修作业

2.2.4.1　工作准备

计划时间：4 课时。

安全措施：

（1）检修必须办理工作票。不持工作票，不得作业。

（2）与工艺人员联系，看工艺条件是否具备拆装、更换热电阻的条件。提前查看现场，了解现场是否存在粉尘、有毒有腐蚀的物质，采取预防措施。如果元件在高空位置，作业前必须系好安全带，必要时要搭梯子或使用升降设备。

（3）进行人员分工，作业前应由技术人员对作业人员进行安全与技术交底。

（4）进入现场要戴安全帽，穿工作服、绝缘鞋。可根据现场情况适当地选择防尘口罩、防毒面具、防护眼镜、耳塞、防化服和焊接手套等劳保用品。

本项目所需工器具，见表 2-5。

表 2-5　热电阻维修作业所需工器具

序　号	名　称	型号规格	数　量
1	多功能校验仪		1 套
2	万用表		1 个
3	电笔		1 个
4	扳手	14 英寸	1 把
5	扳手	12 英寸	1 把
6	一字螺丝刀		1 把
7	十字螺丝刀		1 把
8	钟表螺丝刀		1 套
9	尖嘴钳		1 把
10	毛刷		1 把

每次选用的工具根据现场情况决定。

备品备件有胶布、垫片、棉纱、冰块、安装底座、元件套管。

2.2.4.2　工作过程

工序 1：元件拆除。

（1）现场热电阻元件拆除：打开热电阻端盖，拆除连接导线，拆除过程中严禁导线短路，用胶布包好导线的线芯；拆除套管，并对套管尺寸做好记录。

（2）确定热电阻类型：观察热电阻有无污渍和损伤，记录热电阻分度号；测量并确定热电阻长度及插入深度。

工序 2：标准室校验。

将热电阻送标准室进行校验，并做好校验记录。

工序 3：现场安装及接线。

（1）检查测点处是否具备安装热电阻的条件，确认热电阻符合安装的要求。

（2）在确认元件套管合格并正确的情况下，将垫片放在设备及元件套管的结合面上，并用扳手卡在元件套管的平面位置，上紧套管。

（3）打开套管上盖，将元件装入套管并上紧紧固螺丝，将元件的导线穿入套管上部的穿线孔，穿线孔朝下并将导线的单线接在元件的单线端子上，两根并接线分别接在负线端子和公共线端子上。接线完毕后查看显示仪表或 DCS，显示正常后方能盖上元件端盖并拧紧。

（4）清扫现场。

2.2.4.3 维修作业结果记录

仪表名称_____，生产厂家_____，规格型号_____，套管直径_____，长度_____。

使用的校验仪器名称及型号_____。

（1）外观检查结果。

（2）校验数据记录，见表 2-6。

表 2-6 热电阻检验记录表

名称_____；环境温度_____；

型号_____；测量范围_____；

精度等级_____；是否短路或断路_____。

次 数	校验点温度	标准热电阻阻值	被校热电阻阻值	示值误差
1				
2				
3				
4				
5				
6				
7				
8				

检测结果：_____（合格/不合格）

（3）检修安装记录。将检修安装过程记录在表 2-7 中。

表 2-7 热电阻检修安装记录表

序 号	测点名称	位 号	工作内容	要 求	结 果

任务 2.3 热电偶的应用

学习目标： (1) 热电偶的定义、组成、种类及特点。

(2) 热电偶的冷端温度补偿。

能力目标： (1) 能辨识常见的热电偶的材料，能熟练拆装热电偶。

(2) 会正确使用热电偶的分度表。

(3) 掌握热电偶冷端温度补偿的处理方法，会正确选用和连接补偿导线。

2.3.1 知识准备

2.3.1.1 热电偶

热电偶是目前生产应用最普遍、最广泛的温度检测元件之一，常用的热电偶如图 2-5 所示，它们结构简单、制作方便、测温范围宽、热惯性小，可直接与被测对象接触，不受中间介质的影响，测量精度高，使用方便。常用的热电偶可从 -50 ~ 1600℃ 连续测量液体、蒸汽和气体介质以及固体表面的温度，某些特殊热电偶最低可测量 -269℃（如金铁-镍铬），最高可测量 2800℃（如钨-铼）。

如图 2-6 所示，将 A、B 两种不同的导体焊接在一起，就组成了一个简单的热电偶。导体 A、B 称为热电偶的热电极。虽然热电偶构造简单，但不是任何两种不同的导体都能构成热电偶。把热电偶的一端置于温度为 t 的被测介质中，称为工作端或热端；另一端放在温度为 t_0 的恒定温度下，该端称为自由端或冷端。当两端点的温度不相等时，在闭合回路中便会有热电势产生，这种现象称为热电效应。热电偶就是根据热电效应原理进行温度测量的。

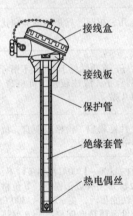

接线盒

接线板

保护管

绝缘套管

热电偶丝

图 2-5 热电偶

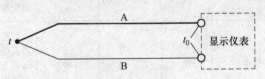

图 2-6 热电偶示意图

热电势产生的原因：两种不同的金属，由于其自由电子的密度不同，当不同的金属相互接触时，在其接触端面上会产生自由电子的扩散运动，从而在交界面上产生静电场，静电场的存在阻止了扩散的进一步进行，最终使扩散与反扩散达到动态平衡。当 A、B 两种材料确定后，接触电势的大小只与接触端面的温度 t 和 t_0 有关，而与热电偶的大小和形状无关。同种金属材料中，由于两焊点温度不同所产生的温差电势极小，可忽略不计。

设 A、B 两种金属的自由电子密度 $N_A > N_B$，焊接点温度 $t > t_0$，则热电偶产生的热电势为

$$E_{AB}(t,t_0) = E_{AB}(t) - E_{AB}(t_0)$$

当冷端温度 t_0 恒定时，$E_{AB}(t_0)$ 为一常数，此时，热电势 $E_{AB}(t, t_0)$ 就为热端温度 t 的单值函数，当构成热电偶的热电极材料均匀时，热电势只与工作端温度 t 有关，而与热电偶的形状大小无关。只要测出热电势的大小，就能知道被测温度的高低，这就是热电偶的测温原理。

2.3.1.2　分度号和分度表

（1）热电偶的型号称为分度号，中国从 1988 年起全部按国际电工委员（IEC）的国际标准生产标准热电偶。所谓标准热电偶是指国家标准规定了热电偶的热电势与温度的关系、允许误差并有统一的分度号。目前，国际上已有 8 种标准化热电偶在工业生产中使用，它们的分度号分别是 S、B、E、K、R、T、N。分度号不同，是因为生产热电偶的热电极材料不同。表 2-8 列出了 8 种热电偶的电极材料、名称、测温范围、特点及应用场合。

表 2-8　标准化热电偶

热电偶名称	分度号	测温范围/℃		特点及应用场合
		长期使用	短期使用	
铂铑$_{10}$-铂	S	0 ~ 1300	1700	热电特性稳定，抗氧化性强，测温范围广，测量精度高，热电势小，线性差且价格高，可作为基准热耦合，用于精密测量
铂铑$_{12}$-铂	R	0 ~ 1300	1700	与 S 型热电偶的性能几乎相同，只是热电势同比大 15%
铂铑$_{10}$-铂铑$_6$	B	0 ~ 1600	1800	测量上限高，稳定性好，在冷端低于 100℃不用考虑温度补偿问题，热电势小，线性较差，价格高，使用寿命远高于 S 型和 R 型
镍铬-镍硅	K	−270 ~ 1000	1300	热电势大，线性好，性能稳定，价格较便宜，抗氧化性强，广泛应用于中高温测量
镍铬硅-镍硅	N	−270 ~ 1200	1300	在相同条件下，特别在 1100 ~ 1300℃高温条件下，高温稳定性及使用寿命较 K 型有成倍提高，其价格远低于 S 型热电偶，而性能相近，在 −200 ~ 1300℃范围内，有全面代替廉价金属热电偶和部分 S 型热电偶的趋势
铜-铜镍（康铜）	T	−270 ~ 350	400	准确度高，价格便宜，广泛用于低温测量
镍铬-铜镍（康铜）	E	−270 ~ 870	1000	热电势较大，中低温稳定性好，耐腐蚀，价格便宜，广泛应用于中低温测量
铁-铜镍（康铜）	J	−210 ~ 750	1200	价格便宜，耐 H_2 和 CO_2 气体腐蚀，在含碳或铁的条件下使用也很稳定，适用于化工生产过程的温度测量

（2）分度表。当热电偶冷端温度 $t_0 = 0℃$ 时，测量范围内的每一被测温度 t 都对应一个输出电势。将工作端温度与对应的热电势值制成易于查找的表格形式，这个表格就叫分度表。不同分度号的标准热电偶，均有相应的分度表。详见附录 2 标准热电偶分度表。

2.3.2　热电偶的分类

热电偶通常分为标准热电偶和非标准热电偶两大类。标准热电偶使用广泛，非标准热电偶在使用范围上，不及标准热电偶，一般也没有统一的分度表，主要用于某些特殊场合的测量，如超高温和超低温等特殊条件下的温度测量，因此结构形式差别较大。生产中，常见的热电偶按结构形式可分为普通型热电偶、铠装热电偶和薄膜热电偶三大类，如图2-7所示。

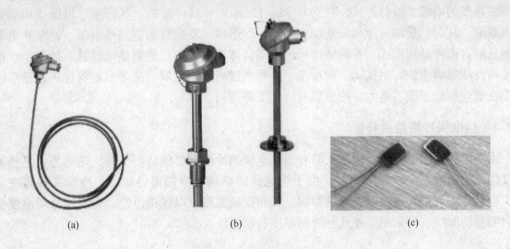

图2-7　热电偶结构形式

（a）普通型热电偶；（b）铠装热电偶；（c）薄膜热电偶

2.3.3　热电偶的结构

2.3.3.1　普通型热电偶

普通型热电偶已做成标准型，通常由热电极、绝缘材料、保护套管和接线盒等主要部分构成，主要用于工业中测量液体、气体、蒸汽等温度，其结构如图2-5所示。

（1）热电极。热电偶常以热电极材料种类来命名，其直径大小是由价格、机械强度、电导率以及热电偶的用途和测量范围等因素来决定的。贵金属热电极直径大多是0.13～0.65mm，普通金属热电极直径为0.5～3.2mm。热电极长度由使用、安装条件，特别是工作端在被测介质中插入深度来决定，通常为350～2000mm，常用的长度为350mm。

（2）绝缘管。热电偶的两根热电极上套有绝缘瓷管，用来防止两根热电极短路，其材料的选用要根据使用的温度范围和对绝缘性能的要求而定，常用的是氧化铝和耐火陶瓷。

（3）保护套管。为使热电极与被测介质隔离，并使其免受化学侵蚀或机械损伤，热电极在套上绝缘管后再装入套管内。

对保护套管的要求：一方面要经久耐用，能耐温度急剧变化，耐腐蚀，不分解出对电极有害的气体，有良好的气密性及足够的机械强度；另一方面是传热性能良好，传导性能越好，热容量越小，能够改善电极对被测温度变化的响应速度。常用的材料有金属和非金属两类，就根据热电偶类型、测温范围和使用条件等因素来选择保护套管材料。

（4）接线盒。接线盒供热电偶与补偿导线连接用。接线盒固定在热电偶保护套管上，一般用铝合金制成，分普通式、防溅式、防水式、防爆式等。为防止灰尘、水分及有害气体侵入保护套管内，接线端子上注明热电极的正负极性。热电偶两个冷端则分别固定在接线盒内的接线端子上。

2.3.3.2　铠装热电偶

铠装型热电偶的热电极、绝缘材料和金属保护套管部分组合后，用整体拉伸工艺加工成一根很细的电缆式线材，其外径为 $0.25 \sim 12\mathrm{mm}$，可自由弯曲。其长度可根据使用需要自由截取，并对测量端与冷端分别加工处理，即形成一支完整的铠装热电偶。铠装热电偶的测量端有多种结构形式。各种结构可以根据具体要求选用。铠装热电偶具有体积小、准确度高、动态响应快、耐振动、耐冲击、机械强度高、挠性好、便于安装等优点，已广泛应用在航空、原子能、电力、冶金和石油化工等部门。

2.3.4　热电偶冷端温度补偿

由热电偶测温原理已经知道，只有当热电偶的冷端温度保持不变时，热电势才是被测温度的单值函数。在实际应用时，由于热电偶的热端与冷端离得很近，冷端又暴露在空间，容易受到周围环境温度波动的影响，因而冷端温度难以保持恒定。为消除冷端温度变化对测量的影响，可采用下述几种冷端温度补偿方法。

2.3.4.1　冰浴法

冰浴法是科学实验中常用的方法，使用恒温装置冰点槽。

冰点槽的原理结构如图 2-8 所示，把热电偶的两个冷端放在充满冰水混合物的容器中，使冷端温度始终保持为 0℃。为了防止短路和改善传热条件，两支热电极的冷端分别插在盛有变压器油的试管中。这种方法测量准确度高，但使用麻烦，只适用于实验室中。

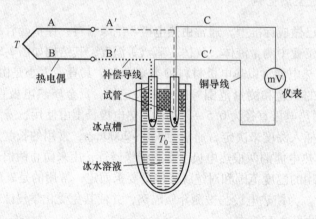

图 2-8　冰点槽

2.3.4.2　公式计算修正法

热电偶的冷端温度偏离 0℃ 时产生的测温误差也可以公式来修正。用补偿导线把热电偶的冷端延长到某一温度 t_0 处（通常是环境温度），然后再对冷端温度进行修正。

如果冷端温度为 t_0，则热电偶端温度为 t 时的热电势为 $E_{AB}(t, t_0)$。根据中间温度定律，可在热电偶测温的同时，用其他温度表（如玻璃管水银温度表）测量冷端温度 t_0，从分度表中查出对应于 t_0 的热电势为 $E_{AB}(t_0, 0)$。将 $E_{AB}(t, t_0)$ 和 $E_{AB}(t_0, 0)$ 相加，得出 $E_{AB}(t_0, 0)$。最后即可从分度表中查出对应于 $E_{AB}(t_0, 0)$ 的被测温度 t。

2.3.4.3 补偿电桥法

补偿电桥法是在热电偶测温系统中串联一个不平衡电桥，此电桥输出的电压随热电偶冷端温度变化而变化，从而修正热电偶冷端温度波动引入的误差。图2-9为冷端温度补偿器线路图。补偿器内有一个不平衡电桥，其输出端串联在热电偶回路中，桥臂电阻 r_1、r_2、r_3 和限流电阻 R_s 的电阻为锰铜电阻，阻值几乎不随温度变化。r_{CU} 为铜电阻，其阻值随温度升高而增大。电桥由直流稳压电源供电。

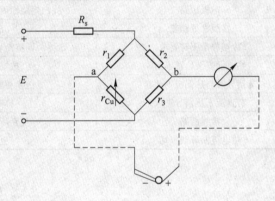

图2-9 冷端温度补偿器原理

在某一温度下，设计电桥处于平衡温度，则电桥输出为0，该温度为电桥平衡温度；当热电偶冷端温度变化，热电偶的热电势随之变化 ΔE；由于铜电阻 r_{CU} 与热电偶冷端所处温度相同，r_{CU} 阻值也随热电偶冷端变化，电桥失去平衡，就会有一不平衡电压 U_{ab} 输出。如果 ΔE 与 U_{ab} 设计成大小相等，极性相反，则两者互相抵消，因而起到冷端温度变化自动补偿的作用。这就相当于将冷端恒定在电桥平衡点温度。

实际使用时因热电偶的热电势和补偿电桥输出电压两者随温度变化的特性不完全一致，故冷端补偿器在补偿温度范围内得不到完全补偿，但误差很小，能满足工业生产的需要。

2.3.4.4 机械零点调整法

对于具有零位调整的显示仪表而言，如果热电偶冷端温度 t_0 较为恒定时，可在测温系统未工作前，预先将显示仪表的机械零点调整到 t_0℃上，这相当于把热电势修正值 $E(t_0, 0)$ 预先加到了显示仪表上，当此测量系统投入工作后，显示仪表的示值就是实际的被测温度值。

要注意冷端温度变化后，必须及时重新调整机械零点。在冷端温度经常变化的情况下，不宜采用这种方法。热电偶常见故障及处理方法，见表2-9。

表 2-9　热电偶常见故障及处理方法

故障现象	可 能 原 因	处 理 方 法
显示不稳定	热电偶安装不牢固或有震动	紧固热电偶，消除震动
	接线柱处接触不良	将接线柱拧紧
	测量线路绝缘破损，引起断续短路或接地	找出故障点，修复绝缘
	热电偶电极将断未断	更换好的热电偶
	外界干扰	查找出干扰源，采取屏蔽措施
显示误差大	热电偶安装位置不当	改变安装位置
	热电偶电极变质	更换热电偶
	保护管表面积灰	清除积灰
温度示值偏低或不稳	补偿导线与热偶极性接反	纠正接线
	补偿导线与热偶极性不配套	更换相配套的补偿导线
	电极短路	找出短路原因，如潮湿或绝缘损坏
	接线柱处积灰	清扫积灰
	冷端补偿不符要求	调整冷端补偿达到要求
	热电偶安装位置不当	按规定重新安装
温度示值偏高	补偿导线与热偶极不配套	更换相配套的补偿导线
	有直流干扰信号进入	排除直流干扰
显示无穷大	接线断路	找到断点，重新接好
	热电极断开或损坏	更换热电偶

2.3.5　工作任务

2.3.5.1　任务描述

（1）拆解一支普通型热电偶温度计，了解其组成结构，将热电偶回装。

（2）认知铭牌，了解其测量范围、输出信号。

（3）用万用表粗测，判断热电偶好坏。

（4）填写表 2-10。

表 2-10　热电偶拆装数据记录表

工作过程	工作内容	操 作 结 果
步骤 1	普通型热电偶铭牌	厂家_____；分度号为_____，材料为_____
步骤 2	普通型热电偶分解	组成部分有：_____ 绝缘子材料为_____；套管直径_____mm，材料为_____
步骤 3	用万用表检测	热电偶电阻值_____Ω；是否短路或断路：_____
步骤 4	热电偶复装	

2.3.5.2　任务实施

器具：普通型热电偶温度计一支、多功能校验仪一套、工具一套。

步骤 1：选择一支普通型热电偶温度计，观察其结构，认识它的生产厂家、型号、分度号、测量精度等。

步骤 2：拆解热电偶温度计，识别热电极、绝缘管、保护套管、接线盒等。

步骤 3：用多功能校验仪检验热电偶是否合格。

步骤 4：复装温度计。

2.3.6　拓展训练

通过查阅资料或上网，找出 3 家生产热电偶的厂家，记录它们生产的热电偶的规格型号，了解其特点和适用范围。

2.3.7　技能训练　热电偶的维修作业

2.3.7.1　工作准备

计划时间：4 课时。

安全措施：

(1) 检修必须办理工作票。不持工作票，不得作业。

(2) 与工艺人员联系，看工艺条件是否具备拆装、更换热电偶的条件。提前查看现场，了解现场是否存在粉尘、有毒有腐蚀的物质，采取预防措施。如果元件在高空位置，作业前必须系好安全带，必要时要搭梯子或使用升降设备。

(3) 进行人员分工，作业前应由技术人员对作业人员进行安全与技术交底。

(4) 进入现场要戴安全帽，穿工作服、绝缘鞋。可根据现场情况适当地选择防尘口罩、防毒面具、防护眼镜、耳塞、防化服和焊接手套等劳保用品。

本项目所需工器具，见表 2-11。

表 2-11　热电偶维修作业所需工器具

序　号	名　　称	型 号 规 格	数　量
1	多功能过程校验仪		1 套
2	万用表		1 个
3	电　笔		1 个
4	扳　手	14 英寸	1 把
5	扳　手	12 英寸	1 把
6	一字螺丝刀		1 把
7	十字螺丝刀		1 把
8	尖嘴钳		1 把
9	毛　刷		1 把
10	冰　瓶		1 个

每次选用的工具根据现场情况决定。

备品备件有胶布、垫片、冰块、补偿导线。

2.3.7.2　工作过程

工序 1：元件拆除。

（1）现场热电偶元件拆除：套管拆除，并对套管尺寸做好记录。

（2）确定元件类型：记录热电偶分度号；测量并确定元件长度及插入深度。

工序 2：标准室校验。

将热电偶送标准室进行校验，并做好校验记录。

工序 3：现场安装及接线。

（1）检查线路。

（2）在确认元件套管合格并正确的情况下，将垫片放在元件套管及设备的结合面上，并用扳手卡在元件套管的平面位置，上紧套管。

（3）打开套管上盖，将元件装入套管并上紧坚固螺丝，将元件的补偿导线穿入套管上部的穿线孔，并将补偿导线的正线接在元件的正线端子上，负线接在元件的负线端子上。

（4）盖上元件端盖并拧紧。

2.3.7.3　维修作业结果记录

被检验的热电偶型号_____，量程_____，套管直径_____，长度_____。

使用的校验仪器型号_____。

（1）外观检查结果。

（2）校验数据记录，见表 2-12。

表 2-12　热电偶校验记录表

环境温度_____；规格型号_____；
长度_____；直径_____；
电阻值_____；是否断路或短路_____。

次　数	校验点温度	冷端温度	E_0/mV（标准）	E/mV
1				
2				
3				
4				
5				
6				
7				
8				

检验结果：_____（合格/不合格）

（3）检修安装记录。将检修安装过程记录在表 2-13 中。

表 2-13　热电偶检修安装记录表

序　号	测点名称	位　号	工作内容	要　求	结　果

任务 2.4　膨胀式温度计的应用

学习目标：了解膨胀式温度计的种类和工作原理。
能力目标：会安装和使用双金属温度计和压力式温度计。

2.4.1　知识准备

　　膨胀式温度计是利用物体热胀冷缩的基本原理制成的温度计，根据结构形式的不同，主要有液体膨胀式温度计、固体膨胀式温度计、压力式温度计三种。液体膨胀式温度计就是通常的玻璃管式温度计，利用玻璃感温包内的液体体积随温度升高而膨胀的原理进行测温；固体膨胀式温度计利用两种线膨胀系数不同的材料制成，有杆式和双金属片式两种。压力式温度计是利用密闭容积中的气体、液体或某种液体的饱和蒸汽随温度升高而压力升高的性质，通过对工作介质的压力测量来判断温度值的一种机械式仪表。

　　玻璃液体温度计属于液体膨胀式温度计的一种，它由感温泡、毛细管、刻度标尺、工作液体及膨胀室等组成，如图 2-10 所示，为一常用的玻璃液体温度计。当被测温度升高时，温包里的工作液体膨胀而沿毛细管上升，通过刻度尺可以读出被测介质的温度。玻璃液体温度计结构简单、读数直观、测量准确、价格低廉，被广泛应用于工业领域和实验室。它的缺点是振动和碰撞容易断裂、信号不能远传，测温有一定延迟。

　　双金属温度计属于固体膨胀式温度计，适合测量中、低温段温度表，可测量 – 80 ~ + 600℃ 范围内的温度，可用来直接测量并显示气体、液体和蒸气的温度，带电接点的双金属温度计，能在工业温度超过给定值时自动发出控制信号切断电源或报警。双金属温度计的感温元件由两片线膨胀系数不同的金属片叠焊在一起制成，一端为固定端，另一端为自由端，双金属

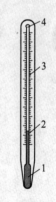

图 2-10　玻璃液体温度计
1—玻璃温泡；2—毛细管；
3—刻度标尺；4—膨胀室

片受热后由于膨胀系数大的主动层形变大，而膨胀系数小的被动层形变小，造成金属片向被动层一侧弯曲，如图 2-11 所示。这是制作双金属温度计的原理。双金属温度计具有结构简单、坚固耐用、无汞害、应用范围广等优点，在工业中作为主要的就地低温指示仪表。近年来，出现了采用双金属温度计与热电偶/热电阻一体的温度计，既能现场测量和指示温度，

图 2-11　双金属片

又能远距离传输信号，广泛应用于石油、化工、制糖、造纸等工业和科研部门。

　　压力式温度计从外形上看很像压力表，但它属于测温仪表，用于测量温度（见图 2-12）。压力式温度计不是靠物质受热膨胀后的体积变化或尺寸变化反映温度，而是靠在密闭容器中液体或气体受热后压力的升高反映被测温度，因此这种温度计的指示仪表实际上就是普通的压力表。

　　压力式温度计主要由测温元件（温包和接头管）、毛细管和压力敏感元件（如弹簧管）组成，如图 2-12（c）所示。按照感温介质的不同，压力式温度计分为液体压力式温度计、气体压力式温度计、蒸气压力式温度计。温包、毛细管和弹簧管三者的内腔共同构成一个封闭系统，系统内充满工作物质。温包放在被测介质中，它把温度变化充分地传递给内部工作物质。所以，其材料应具有良好的导热性及抗磨蚀性。为了提高灵敏度，温包本身的受热膨胀应远远小于其内部工作物质的膨胀，故材料的体膨胀系数要小。此外，还应有足够的机械强度，以便在较薄的容器壁上承受较大的内外压力差。当温包受热后，将使内部工作物质温度升高而压力增大，此压力经毛细管传到弹簧管内，使弹簧管产生变形，并由传动系统带动指针，指出被测介质的温度值。由于压力式温度计的毛细管可以长达几十米，而且结构简单，价格便宜，被广泛应用于食品、机械、化工、制药等行业的温度测量和控制。

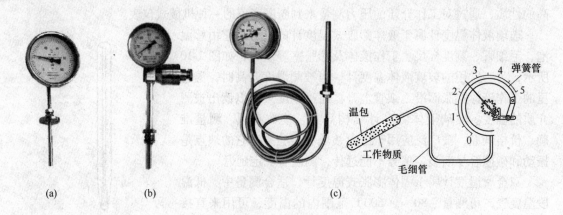

(a)　　　　　　(b)　　　　　　　　(c)

图 2-12　膨胀式温度计
（a）双金属温度计；（b）带热电偶（阻）双金属温度计；（c）压力式温度计

2.4.2　工作任务

2.4.2.1　任务描述

　　（1）拆解一支双金属温度计，了解其组成及结构，复装温度计。

　　（2）探究双金属温度计测温原理。

（3）安装并使用双金属温度计测温。

（4）对双金属温度计进行校验。

2.4.2.2　任务实施

器具：WSS 型双金属温度计两只，保温桶一只，工具一套。

步骤 1：检查双金属温度计外观，对其中一只 WSS 型双金属温度计拆解；观察内部结构如图 2-13 所示。

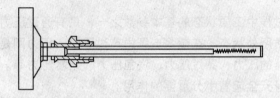

图 2-13　WSS 型双金属温度计内部结构

步骤 2：思考和探究双金属温度计检测原理。

步骤 3：零点检定。调整双金属温度计指针起始位。

步骤 4：将一支双金属温度计放入保温桶内测量水温。

（1）将感温元件插入保温桶中，注意观察指针的偏转方向。

（2）将感温元件移出保温桶外，注意观察指针的偏转方向。

步骤 5：重新使用双金属温度计测温，通过实验现象及结果，分析接触式测温方法测温时的动态特性。

2.4.3　拓展训练

将两只同型号的金属温度计，同时插入同一只保温桶，插入深度不同，观察两只金属温度计显示的温度是否相同？为什么？

模块3 压力测量仪表的应用

学习情境描述

　　压力是表征生产过程中工质状态的基本参数之一，只有通过压力及温度的测量才能确定生产过程中各种工质所处状态。在制浆造纸生产过程中，压力则是重要参数之一，如管道中介质的压力、容器的压力、蒸汽压力、汽包压力、给水压力等。压力测量仪表对于保证设备安全运行和人身安全起着十分重要的作用。

　　通过压力测量，还可以监视各重要压力容器，如除氧器、加热器等以及管道的承压情况，防止设备超压爆破。此外压力及差压的测量还广泛地应用在流量和液位的测量中；在一定的条件下，测量压力还可间接得出温度、流量和液位等参数。本学习情境主要完成3个学习性工作任务：

　　(1) 压力测量仪表的概述。

　　(2) 弹性式压力计的应用。

　　(3) 压力变送器的应用。

任务3.1　压力测量仪表概述

学习目标：(1) 了解压力的含义和单位换算。

　　　　　　(2) 压力测量仪表的分类及常见压力表的性能及应用场合。

能力目标：能根据检测要求选择合适的压力表。

3.1.1　知识准备

　　压力是工业生产过程中的一个重要参数，制浆造纸生产过程中许多工艺设备的压力要求进行测量与控制。例如蒸煮锅压力、纸机烘缸蒸汽压力、泵的出口压力及蒸发器的真空度等等。对这些工艺设备的压力测量与控制是保证生产过程正常进行，达到优质高产、降低消耗和安全生产的重要方面，并且，在工业过程测量中，许多工艺变量（如温度、流量、液位等）测量是通过压力的测量来进行的。因此，对压力进行自动测量与控制具有重要意义。

　　压力是指均匀垂直作用在单位面积 S 上的力 F，即

$$P = \frac{F}{S}$$

式中　P——压力，Pa(帕)；

　　　F——垂直作用力，N(牛顿)；

S——受力面积，m^2（米^2）。

压力的标准单位为帕斯卡，简称帕（Pa），即 $1Pa = 1N/m^2$。工程上一般用兆帕（MPa）表示，$1MPa = 10^3kPa = 10^6Pa$。

在压力测量中，常有大气压力、表压力、绝对压力、负压力（真空度）之分，它们的关系如图 3-1 所示。以绝对压力零线作为起点计算的压力称为绝对压力。高于大气压力的绝对压力与大气压力之差称为表压，即

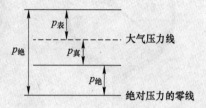

$$p_表 = p_绝 - p_大$$

当被测压力低于大气压力时，一般用负压（或真空度）表示，它是大气压力与绝对压力之差，即

图 3-1　绝对压力、表压和负压关系

$$p_真 = p_大 - p_绝$$

因各种工艺设备和测量仪表均处于大气中而承受大气压力。所以，在工程压力测量中，如无特殊说明，均用表压或真空度来表示压力的大小。压力单位换算表，见表 3-1。

表 3-1　压力单位换算表

单位名称	牛顿/米^2（N/m^2）（帕斯卡）（Pa）	公斤力/厘米^2（kgf/cm^2）	标准大气压 /atm	4℃毫米水柱 /mmH$_2$O	0℃毫米水银柱 /mmHg
牛顿/米^2（N/m^2）（帕斯卡）（Pa）	1	10.1972×10^{-6}	0.986923×10^{-5}	0.101972	7.50062×10^{-3}
公斤力/厘米^2（kgf/cm^2）	98.0665×10^3	1	0.967841	10×10^3	735.559
巴/bar	1×10^5	1.01972	0.986923	10.1972×10^3	750.061
标准大气压/atm	1.01325×10^5	1.03323	1	10.3323×10^3	760
4℃毫米水柱/mmH$_2$O	0.101972	1×10^{-4}	9.67841×10^{-5}	1	73.5559×10^{-3}
0℃毫米水银柱/mmHg	133.322	0.00135951	0.00131579	13.5951	1

3.1.2　压力测量仪表的分类

为了适应工业生产和科学研究的需要，压力测量仪表的品种、规格很多（见图 3-2），分类方法也不少，常用而又比较合理的分类方法是按信号转换原理的不同，大致可分为以下几种。

3.1.2.1　重力平衡方法

（1）液柱式压力表。基于液体静力学原理。被测压力与一定高度的工作液体产生的重力平衡，可将被测压力转换成为液柱高度差进行测量，例如 U 形管压力表（见图 3-3）、单管压力表、斜管压力表等。这类压力表的特点是结构简单、测量准确、读数直观、价格低廉；但一般只能就地显示，信号不能远传；可以测量压力、负压和压差；适合于低压测

普通型压力表　　　　　　不锈钢压力表　　　　　　精密压力表

耐震压力表　　　　　　　膜片压力表　　　　　　电接点压力表

图 3-2　压力表

量,测量上限不超过 0.1 ~ 0.2MPa;精确度通常为 ±(0.02% ~ 0.15%)。

(2) 负荷式压力表。基于重力平衡原理。活塞式压力表属于负荷式压力表的一种,利用压力作用在活塞上的力与砝码的重力相平衡,将被测压力转换为平衡重物的重量来测量。这类压力表具有测量范围宽、性能稳定、可靠性高、维护简便等优点,可以测量正压、负压和绝对压力,多用作压力校验仪表。单活塞压力表测量范围达 0.04 ~ 2500MPa。

3.1.2.2　机械力平衡方法

机械力平衡方法是将被测压力经变换元件转换成一个集中力,用外力与之平衡,通过测量平衡时的外力即可测得被测压力。力平衡式仪表可以达到较高的精度,但是结构复杂。这种类型的压力变送器、差压变送器在电动组合仪表和气动组合仪表系列中有较多应用。

3.1.2.3　弹性力平衡方法

弹性力平衡方法利用弹性元件受力产生弹性变形的特性进行测量。被测压力使测压弹

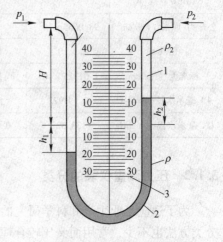

图 3-3　U 形管压力计原理图
1—U 形玻璃管;2—工作液;3—刻度尺

性元件产生变形，弹性元件变形产生的弹性力与被测压力相平衡，测量弹性元件的变形大小可知被测压力。此类压力表有多种类型，可以测量压力、负压、绝对压力和压差，其应用最为广泛，如弹簧管压力表、波纹管压力表及膜盒式微压计等。

3.1.2.4　物性测量方法

基于在压力的作用下，测压元件的某些物理特性发生变化的原理，见表3-2。

（1）电测式压力表。利用测压元件的压阻、压电等特性或其他物理特性，可将被测压力直接转换成为各种电量来测量。此种压力表具有测量范围宽、准确度高、携带方便等特点。例如电容式变送器、扩散硅式变送器等。

（2）其他新型压力表。如集成式压力表、光纤压力表等。

表 3-2　常见压力表的性能及应用场合

类　型	原　理	主 要 特 点	应 用 场 合
弹性式压力表	将压力转换成弹性体的变形后，进行机械变换成位移或转角，指示出被测压力的值	测量范围宽，可测高压、中压、低压真空度，结构简单、使用方便、价格低廉，但有弹性滞后现象	用于测量压力、压差、真空度，可就地指示、远传、记录、报警和控制
液柱式压力表	液体静力学平衡原理	结构简单，使用方便，但测量范围窄，只能测量低压或微压	用于测量低压、微压或真空度，用于作为标准计量仪器
电气式压力表	弹性式压力计基础上，增加电气转换元件，将压力信号远传	适用范围宽，便于远传集中控制	广泛应用于自动化控制系统中
活塞式压力表	通过介质转换成活塞上所加砝码的重量，产生相应的压力油进行测量，是一种利用平衡法测量的标准压力校正仪表	测量精度高，结构复杂，价格较贵	用于检定普通压力表和精密压力表

3.1.3　工作任务

3.1.3.1　任务描述

选择合适的压力检测仪表并填写表3-3。

表 3-3　压力测量仪表认识及选择表

序　号	检 测 要 求	选择仪表类型及理由
1	就地指示水管的压力	
2	燃气管道压力送往控制室显示	
3	空气管中的压力测量	
4	测量硫酸管道内的压力	

3.1.3.2　任务实施

（1）根据生产工艺、介质特性和使用条件等选择仪表种类。

（2）综合考虑各方面的因素选择合适的仪表量程和精度。

3.1.4　拓展训练

（1）如果一只压力表在常温常压下指针不指在零刻度线处，是否能用？
（2）说说你在生产、生活中见过的压力表种类和适用场合。

任务 3.2　弹性式压力计的应用

学习目标：了解弹性元件测压原理。
能力目标：会安装和使用弹性式压力计。

3.2.1　知识准备

3.2.1.1　单圈弹簧管压力计的结构及工作原理

弹性式压力表是利用弹性元件，在被测介质压力作用下产生弹性形变，测量弹性元件的变形量大小可知被测压力的大小这一原理来测量压力的，如图 3-4 所示。单圈弹簧管压力表是造纸厂用处最大，数量最多的压力表之一。它的主要结构如图 3-5 所示。它主要由弹簧管、扇形齿轮、中心齿轮、拉杆、针、面板上的刻度尺所组成。被测压力由接头 9 通入弹簧管，迫使弹簧管 1 的自由端向右上方扩张。自由端的弹性变形位移通过拉杆 2 拉动扇形齿轮 3 作逆时针方向偏转，进而带动中心齿轮 4 顺时针偏转，使与中心齿轮同轴的指针 5 也顺时针偏转，从而在面板 6 的刻度标尺上显示出被测压力的大小。由于自由端的位移与被测压力成比例关系，因此弹簧管压力表的刻度是均匀的。游丝 7 的作用是用来克服扇形齿轮和中心齿轮间的间隙而产生的仪表变差，可以通过调整螺钉 8 的位置来改变压力表的量程。

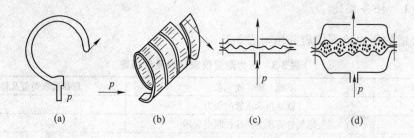

(a)　　　　　　　(b)　　　　　　(c)　　　　　　(d)

图 3-4　常用的弹性元件示意图

（a）单圈弹簧管；（b）多圈弹簧管；（c）弹簧膜片；（d）膜盒

3.2.1.2　电接点压力表

在造纸生产过程中，不仅需要随时了解生产过程中介质压力变化的情况，而且需要把压力控制在某一范围之内，并希望当压力低于这个范围或高于这个范围发出报警信号。例如造纸机烘缸蒸汽压力，真空伏辊的真空度等，有些是人工监视，当压力不符合要求时，人工去开或关气压阀门。这不仅增加了操作人员的劳动强度和精神紧张程度，有时还因疏忽大意影响造纸的质量甚至发生危险。采用电接点压力表就能很好地解决这个问题。

电接点压力表就是在原有单圈弹簧管压力表的基础上，增加了两根可以调节的设定指针，由设定指针给定压力的上、下限值，如图 3-6 所示。在指针和设定指针上都装有电气触点。在使用时先将设定指针调到需要的压力范围，当所测压力发生变化时，指示压力值的指针就转动指示瞬时压力的大小。当介质的压力低于规定的下限值或高于上限值时，则指针带动可动触点与上、下限设定指针上的电触点接触，通过电气线路使指示压力低或压力高的指示灯亮，发出报警信号。当它与中间继电器、交流接触器或开闭阀门的小电机配套使用时，就能控制被测对象的压力变化，使压力保持在设定的范围内。由于电接点压力表的触点在闭合和断开瞬间产生电火花，所以不能用在易燃、易爆的场合。在易燃、易爆的场合应选用防爆型的电接点压力表。

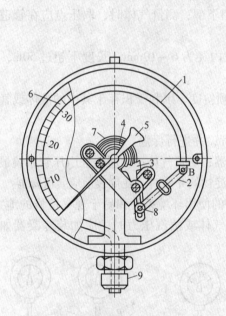

图 3-5　弹簧管压力表结构图
1—弹簧管；2—拉杆；3—扇形齿轮；4—中心齿轮；
5—指针；6—面板；7—游丝；8—调整螺钉；9—接头

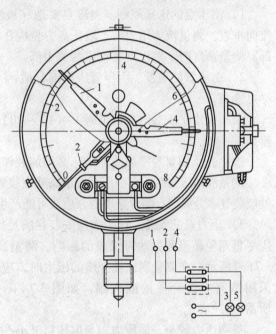

图 3-6　电接点压力表
1，4—静触点；2—动触点；3—绿灯；5—红灯

3.2.1.3　压力表的选用与安装

为了保证制浆造纸生产中压力测量和控制达到安全、有效、经济、合理，正确地选用、安装压力测量仪表显得尤为重要。

（1）压力表的选用。压力表应根据生产工艺对压力测量的要求，结合其他各方面情况，加以全面的考虑和具体的分析，一般应从以下几个方面考虑：

1）仪表类型的选择。压力表类型的选择必须根据生产工艺要求、被测介质的性质和使用环境条件等而定。例如生产工艺是否需要压力远传变送、现场指示、自动记录或报警；被测介质的物理、化学性质是否对测量仪表有特殊要求；现场环境条件诸如高温、振动、电磁场等。

2）仪表量程的确定。以弹性式压力表为例，为了保证弹性元件在弹性形变范围内可靠工作，在确定量程时应留有足够的余量，以免弹性元件遭到破坏。当压力波动不大时，被测压力的变化应在 1/3 ~ 3/4 量程范围内。当压力波动大时，被测压力的变化应在 1/3 ~ 2/3 量程范围内。为了保证测量精度，被测压力的最小值一般应不低于仪表量程的 1/3。即使这样，确定出的量程范围也不一定合适，因为仪表的量程范围不是任意取一数字都可以，它是由国家主管部门标准规定的。因此，应根据计算值，查阅国家标准系列产品手册来最后确定。

3）仪表精度的确定。仪表量程确定后，仪表精度等级应根据生产工艺对压力测量所允许的最大误差来决定。精度等级越高、价格越贵、操作和维护越复杂。因此，在满足工艺要求的前提下，还应本着节约的原则来选择合适的仪表精度。对于工业用压力表一般选 1 ~ 4 级。

（2）压力表的安装：

1）测压点的选择原则。测压点要选在被测介质作直线流动的直管段上，测压点应与流向垂直。测量液体压力时，取压点方位应在管道下部；测量气体时，取压点应在管道上部；测量蒸气时，取压点在管道两侧中部。

2）引压管的敷设。引压管应粗细合适，一般内径为 6 ~ 10mm，长度不超过 50m，并尽可能短。

引压管水平安装时应保证有 1∶（10 ~ 20）的倾斜度，以利于积存于其中的液体或气体排出。

被测介质如果易冷凝或冻结，必须加装伴热管，并进行保温。

测量液体压力时，在引压系统最高处应装集气器；测量气体压力时，在引压管系统最低处应装气水分离器；测含杂质的介质或可能产生沉淀物的介质时，在仪表前应装沉降器。

3）压力表的安装。压力表应安装在满足规定的使用环境条件和易于观察检修的地方。应尽量避免高温和振动对仪表的影响，测量高温气体或蒸汽压力时，应加装冷凝器如图 3-7（a）所示。在测量腐蚀性介质的压力时，应采用装有中性介质的隔离罐，如图 3-7（b）所示。

被测压力较小，而压力表与取压口又不在同一高度时，由此落差所造成的测量误差，应按 $p = \rho gh$ 进行修正，修正方法为调节仪表的零点。

仪表的连接口，应根据被测压力的高低和介质性质，选择适当的材料作为密封垫片。

仪表的安装应垂直，如果装在室外，还应装保护罩。

测量高压时选用表壳有通气孔的仪表，安装时表壳壳面向墙壁或无人通道之处，以防意外事故的发生。

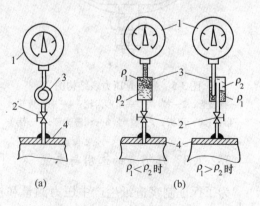

图 3-7　压力表安装示意图
（a）测量蒸汽时；（b）测量有腐蚀性介质时
1—压力计；2—切断阀门；
3—凝液管，隔离罐；4—取压容器

3.2.2　工作任务

3.2.2.1　任务描述

正确使用单圈弹簧管压力计测量压力并认识其结构。

3.2.2.2　任务实施

器具：单圈弹簧管压力计 1 只，一字螺丝刀 1 把，起针器，气泵 1 只。

步骤 1：用螺丝刀松动螺钉，打开表壳，用起针器取下指针，取下压力表面板，注意观察压力表各组成部分。

步骤 2：将指针安在轴上，用气泵从固定开口端打气，注意观察指针的偏转。

步骤 3：对照实物，观察传动放大机构的组成和游丝的作用。

3.2.3　拓展训练

在有振动的场合，接压力表的管道有一部分为什么设置成弯曲的？

3.2.4　技能训练　压力表的维修作业

3.2.4.1　工作准备

计划时间：4 课时。

安全措施：

（1）检修必须办理工作票。不持工作票，不得作业。

（2）与工艺人员联系，看工艺条件是否具备拆装、更换压力表的条件。提前查看现场，了解现场是否存在粉尘、有毒有腐蚀的物质，采取预防措施。如果元件在高空位置，作业前必须系好安全带，必要时要搭梯子或使用升降设备。

（3）进行人员分工，作业前应由技术人员对作业人员进行安全与技术交底。

（4）进入现场要戴安全帽，穿工作服、绝缘鞋。

本项目所需工器具，见表 3-4。

表 3-4　压力表维修作业所需工器具

序　号	名　称	型 号 规 格	数　量
1	压力表校验装置		1 套
2	万用表		1 个
3	电笔		1 个
4	扳手	14 英寸	1 把
5	扳手	12 英寸	1 把
6	一字螺丝刀		1 把

序　号	名　称	型　号　规　格	数　量
7	十字螺丝刀		1 把
8	钟表螺丝刀		1 套
9	尖嘴钳		1 把
10	毛刷		1 把

备品备件有胶布、压力表接头垫圈、生料带、管接头、抹布。

3.2.4.2　工作过程

工序 1：元件拆除。

（1）关闭压力表根部阀，一只扳手卡住压力表与阀门之间的螺帽，另一只扳手逆时针方向缓慢转动压力表，等待压力表压力归零后拆下压力表。记录压力表、测点及位号。

（2）打开取压针型阀，吹扫取压管内污物后，将取压针型阀关闭。

（3）清洁并运回到标准室。

工序 2：标准室校验。

将压力表送标准室校验，并做校验记录。

工序 3：现场安装。

（1）检查管路、压力表、螺纹、密封垫及接头。

（2）用生料带顺时针缠绕丝扣后安装压力表。

（3）安装紧固后逐渐缓慢打开针形根部阀。

（4）认真观察压力表的起压情况，待指针稳定后对压力表连接处验漏。

（5）清理现场。

3.2.4.3　维修作业结果记录

被检验的压力表型号_____，量程_____，精度等级_____。

使用的校验仪器型号_____。

（1）外观检查结果。

（2）校验数据记录。

标准压力表：制造厂_____，出厂编号_____，规格型号_____，测量范围_____，精度_____。

被校压力表：制造厂_____，出厂编号_____，规格型号_____，测量范围_____，精度_____。

校验时的环境条件：环境温度_____℃，相对温度_____℃，大气压强_____Pa。

校验数据，见表 3-5。

表 3-5　压力表校验记录单

标准压力表压力值/MPa	上　行　程		下　行　程		校验点绝对误差
	被检表轻敲前示值/MPa	被检表轻敲后示值/MPa	被检表轻敲前示值/MPa	被检表轻敲后示值/MPa	

外观检查 _____ MPa；最大示值误差 _____ MPa；最大轻敲变动量 _____ MPa。

结论：_____。

检定员 _____　复核员 _____　检定日期 _____ 年 ___ 月 ___ 日

（3）检修安装记录。

将检修安装过程记录在表 3-6 中。

表 3-6　压力表检修安装记录表

序　号	工序号	工作内容	要　求	结　果

任务 3.3　压力变送器的应用

学习目标：了解压力变送器的作用、种类。

能力目标：会安装和使用压力变送器。

3.3.1　知识准备

3.3.1.1　压力变送器作用

为适应现代工业过程对压力测量信号进行集中检测和进行远传，以适应自动控制系统的需要，通常将测压元件输出的位移或力变换成统一的标准电信号，然后传送到控制室进行显示、记录，这项工作由压力（差压）变送器来完成，如图 3-8 所示。压力（差压）变送器由压力传感器和信号处理电路两部分组成。压力传感器的作用是把压力信号检测出来，并转换成电信号；而信号处理电路是把相应的各种电信号进行放大和转换，输出标准电信号，用于远传。它可以克服直接传送压力信号到较远地方的缺点。因为直接传送压力信号时，由于信号管道长，传递迟延大，传输过程中有能量损失，一旦管道泄漏，便很不安全。尤其是在测量高压、腐蚀、易燃介质时，更为危险。另外，还存在管道保温、防热和防冻等问题。

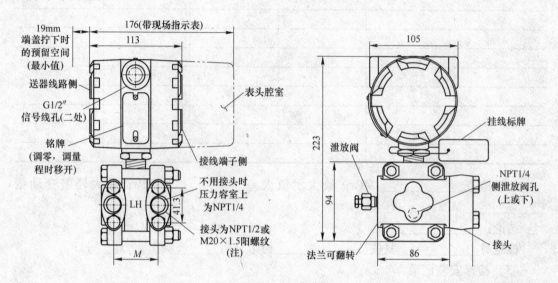

图 3-8　压力（差压）变送器外形及安装尺寸

　　压力（差压）变送器提高了测压仪表的准确性和可靠性，并使压力（差压）测量仪表的结构实现了小型化。根据工作原理的不同，压力信号的变送方式主要有电容式压力变送器、振弦式压力变送器、扩散硅式压力变送器、力平衡式压力变送器等。

3.3.1.2　电容式压力变送器

　　电容式变送器采用差动电容作为检测元件，其测量部件采用全封闭焊接的固体化结构，转换部分只是集成电路板，无机械传动与调整装置，因此具有结构简单，整机性能稳定可靠、精度较高的特点。其框图如图 3-9 所示。

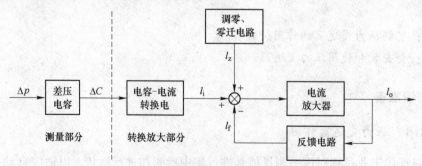

图 3-9　电容式差压变送器组成方框图

电容式变送器用于连续测量流体介质的压力、差压、流量、液位等参数，将他们转换成直流电流。其中 1151 系列电容差压/压力变送器具有悠久的历史，并依其设计新颖、品种规格齐全、小型、安装使用简便、坚固耐振、精度高、长期稳定性好、单向过载保护能力强、安全防爆等优点而著称，如图 3-10 所示。

3051 是小型化的电容式压力/差压变送器以微处理器为核心，比传统的 1151 电容式变送器结构更小巧，性能更优越，而且具有通信等智能变送器功能，如图 3-11 所示。

图 3-10　1151 系列电容式变送器

图 3-11　电容式压力变送器

3.3.1.3　扩散硅式压力变送器

扩散硅式压力变送器主要由硅膜片、扩散电阻、引线、外壳等组成，如图 3-12 所示。包括传感器、转换器两部分。传感器是应用金属电阻或半导体电阻将压力或差压信号变换成电阻信号的传感器。转换器将传感器的电阻信号经应变电桥、温度补偿网络、恒流源、输出放大器和电压-电流转换单元等后输出 4～20mA 标准信号。扩散硅式压力变送器具有性能稳定、工作可靠、体积小、重量轻、安装使用方便、性价比高等优点。压力变送器常见故障及处理方法见表 3-7。

图 3-12　扩散硅式压力变送器

表 3-7　压力变送器常见故障及处理方法

故障现象	可能原因	处理方法
显示不变化	导压管堵	透通导压管
	导压管切断阀未打开	打开切断阀
压力无指示	无电源	检查电源接线，接通电源
	信号接线断路	检找断点，重新接线

续表 3-7

故障现象	可能原因	处理方法
压力指示跳动	被测介质压力波动大	关小阀门开度
	安装位置震动大	可安装减震器或移到震动小的地方
显示误差大	变送器与仪表量程设置不一致	重新设置量程
	检测元件损坏	更换压力计
	零点量程调跑了	重新调校压力计
变送器不能通讯	电源电压问题	恢复供电电源 24VDC
	负载电阻	增加或更换电阻
	单元寻址	重新寻址

3.3.2　工作任务

3.3.2.1　任务描述

（1）识别 EJA 系列差压/压力变送器的型号。

（2）认识 EJA 系列差压/压力变送器结构。

（3）EJA 系列差压/压力变送器与导压管的连接。

3.3.2.2　任务实施

步骤 1：识别 EJA 系列差压/压力变送器的型号。型号和规格刻印在壳体外侧的铭牌上（见图 3-13）。

表示本品适用于CK指令的安全规则的图标

图 3-13　铭牌

步骤 2：如图 3-14 所示，认识 EJA 系列差压/压力变送器结构组成。

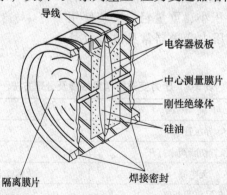

图 3-14　EJA 系列差压/压力变送器结构

步骤 3：EJA 系列差压/压力变送器与导压管的连接（见图 3-15）。

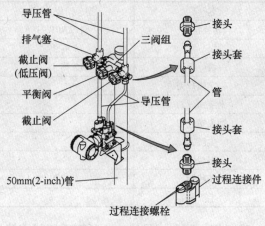

图 3-15　三阀组（配管型）

3.3.3　拓展训练

你见过的横河川仪 EJA 系列差压/压力变送器表头显示方式有哪几种？

3.3.4　技能训练　智能变送器的维修作业

3.3.4.1　工作准备

计划时间：4 课时。

安全措施：

（1）检修必须办理工作票。不持工作票，不得作业。

（2）与工艺人员联系，看工艺条件是否具备拆装、更换智能变送器的条件。提前查看现场，了解现场是否存在粉尘、有毒有腐蚀的物质，采取预防措施。如果元件在高空位置，作业前必须系好安全带，必要时要搭梯子或使用升降设备。

（3）进行人员分工，作业前应由技术人员对作业人员进行安全与技术交底。

（4）进入现场要戴安全帽，穿工作服、绝缘鞋。可根据现场情况适当地选择防尘口罩、防毒面具、防护眼镜、耳塞、防化服和焊接手套等劳保用品。

本项目所需工器具，见表 3-8。

表 3-8　变送器维修作业所需工器具

序　号	名　称	型 号 规 格	数　量
1	压力校验仪		1 套
2	万用表		1 个
3	电　笔		1 个

序　号	名　称	型 号 规 格	数　量
4	转换接头	1/2NPT	2 个
5	扳　手	14 英寸	1 把
6	扳　手	12 英寸	1 把
7	一字螺丝刀		1 把
8	十字螺丝刀		1 把
9	钟表螺丝刀		1 套
10	尖嘴钳		1 把
11	剥线钳		1 把
12	压线钳		1 把
13	毛　刷		1 把

备品备件有管接头、生料带、胶布、导线、不锈钢无缝仪表管、保险丝、二次阀。

3.3.4.2　工作过程

步骤 1：变送器拆除。

（1）将介质与变送器隔离并泄压，关闭仪表一、二次阀，打开排污阀，并对压力变送器及测点编号做好记录。

（2）停变送器电源。停变送器所属通道 24V 电源，如不能停单通道电源，做好相应措施停变送器回路所属卡件电源。

（3）拆掉变送器的信号线，拆线过程中注意不要将两根信号线短路或接地，拆完后要用绝缘胶布把信号线包好。

（4）拆掉变送器引压法兰上的引压接头，管口包扎，防止杂物掉进引压管。

（5）拆除变送器，清洁并运回标准室。

步骤 2：标准室校验。

将变送器送标准室校验，并做校验记录。

（1）外观检查。检查变送器无明显破损、锈蚀等现象。将变送器清洁干净，清除过期标签。

（2）密封性检查。平稳地升压，使变送器测量室压力达到测量上限值后，切断压力源，密封 15min，在最后 5min 内通过压力表观察，其压力值下降不得超过测量上限值的 2%。差压变送器在进行密封性检查时，高低压力容室连通，并同时引入额定工作压力进行观察。

（3）基本误差检定：

1）进行线路及管路连接，并送电。校验系统包括变送器、HART 手操器、电源、压力输入源和读数装置。

2）用手操器进行参数设置：

①将变送器保护功能跳线开关的位置拨为"OFF"位置。

②检查调整工程单位。

③检查调整变送器输出模式。

④检查调整变送器量程。

⑤检查调整变送器阻尼。

⑥将变送器保护功能开关拨至"ON"位置。

3）校验：

①零点调整。

②量程调整。

③线性调整。

④精度调校。

⑤零点迁移调整。

步骤3：现场安装。

（1）安装前先检查管路，确认无泄漏。

（2）将变送器安装在托架上，变送器高、低压侧与导压管连接要正确，拧紧紧固螺栓，确保管接头处不泄漏。

（3）依次打开一次阀、平衡阀、二次阀，变送器投入使用。

3.3.4.3　维修作业结果记录

被检验的变送器型号_____，电源_____，输出_____，最大工作压力_____，出厂量程 _____。

使用的校验仪器型号_____。

（1）外观检查结果。

（2）校验数据记录填表 3-9。

表 3-9　校验数据记录

标准压力	标准信号/mA	校验前/mA			校验后/mA		
		上行程	下行程	最大误差	上行程	下行程	最大误差

原精度_____，允许误差_____，基本误差_____，允许回差_____，回差_____。

校验结果：_____（合格/不合格）

（3）检修安装记录。将检修安装过程记录在表 3-10 中。

表 3-10　变送器检修安装记录表

序　号	工序号	工作内容	要　求	结　果

模块 4　流量测量仪表的应用

学习情境描述

在工业生产过程中，流量是反映生产过程中物料、工质或能量的产生和传输的量。在制浆造纸中，流体（水、蒸汽、浆料等）的流量影响设备的生产能力的发挥，对消耗及利用燃料和能源也有重要的影响。因此，连续监视流体的流量实现生产低耗、高产、优质及进行经济核算有重要的意义。

本学习情境主要完成 4 个学习性工作任务：

（1）流量测量仪表的类型。

（2）节流式流量计的应用。

（3）电磁流量计的应用。

（4）转子流量计的应用。

任务 4.1　流量测量仪表的类型

学习目标：（1）了解流量的定义与单位。

（2）知道常用流量测量方法及流量计种类。

能力目标：能根据需要选择合适的流量计。

4.1.1　知识准备

4.1.1.1　流量的概念及单位

在制浆造纸生产过程中，流量是需要经常测量和控制的重要工艺参数之一，许多物料平衡和能量平衡都与流量有密切的关系。例如，对原料浆、水和蒸汽进行流量测量，配浆需要保证各种物料浓度一定的条件下，测量和控制各种物料的流量来实现工艺条件的稳定。测量管道或明沟中的液体、气体或蒸气等流体流量的工业自动化仪表称为流量计。

流量是指在单位时间内流过管道或明渠某一截面的流体的量，又称瞬时流量，用 q 表示。流量有瞬时流量和累积流量之分。累积流量，是指在某一时间间隔内流体通过的总量。流量数量用质量表示的称为质量流量，用 q_m 表示，单位为 kg/s。流量数量用体积表示的称为体积流量，用 q_v 表示，单位为 m^3/s。

质量流量和体积流量之间的关系为：

$$q_m = \rho q_v$$

式中　ρ——流体密度，kg/m^3。

　　质量流量是表示流量的较好方法。表示气体流量大小时，要注意所使用单位的不同。由于流体的密度受压力、温度的影响，用体积流量表示时，必须同时指出被测流体的压力和温度的数值。为了便于比较，常将体积流量换算成"标准体积"，即指在温度为 20℃，压力为 $1.01325 \times 10^5 Pa$ 下的体积流量数值。在标准状态下，已知介质的密度为定值，所以标准体积流量和质量流量间的关系是确定的，能确切地表示流量。

　　累积流量除以流体流过的时间间隔即为平均流量。

4.1.1.2　流量测量的方法

　　流量计种类繁多，为了满足不同的流量测量，目前已出现 100 多种流量计。

　　根据不同工艺生产要求和被测介质的性质，要采用不同的流量测量仪表。目前工业上常用的流量测量方法大致可分为容积式、速度式和质量式三类。

　　A　速度式流量计

　　速度式流量计是通过测出被测流体速度大小来实现流量测量的仪表，也称为间接式流量计。它们的测量依据是，当被测介质的流通面积为定值时，流体流量就与流体流速成正比。例如电磁流量计、转子流量计（见图 4-1）、超声波流量计、叶轮式水表，以及涡轮流量计等（见图 4-2）。

　　B　容积式流量计

　　容积式流量计是直接用标准固定体积对被测流体进行连续度量的流量检测仪表，也称为直接式流量计。该类仪表是将被测流量转换为单位时间内标准固定体积的个数来测量，常用的仪表有椭圆齿轮流量计、腰轮流量计（见图 4-3）等。

图 4-1　一体型电磁流量传感器　　　　图 4-2　单转子螺旋流量计　　　　图 4-3　腰轮流量计

　　C　质量式流量计

　　测量所流过的流体的质量。目前之类仪表有直接式和补偿式两种，直接式质量流量计利用与质量流量直接有关的原理进行测量，如科里奥利质量流量计。这种质量流量计具有被测流量不受流体的温度、压力、密度、黏度等变化的影响，是一种在发展中的流量测量仪表。间接式质量式流量计是用密度计与容积流量直接相乘求得质量流量的。间接式质量流量计是用两个检测元件分别测出体积流量和流体的密度，或与这两个量相应的参数，然后通过运算间接获取流体的质量流量，所以也称为推导式质量流量计。

　　流量仪表按测量原理可细分如下：

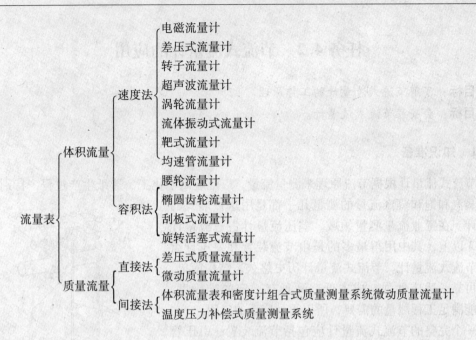

流量表
├─ 体积流量
│ ├─ 速度法
│ │ ├─ 电磁流量计
│ │ ├─ 差压式流量计
│ │ ├─ 转子流量计
│ │ ├─ 超声波流量计
│ │ ├─ 涡轮流量计
│ │ ├─ 流体振动式流量计
│ │ ├─ 靶式流量计
│ │ └─ 均速管流量计
│ └─ 容积法
│   ├─ 腰轮流量计
│   ├─ 椭圆齿轮流量计
│   ├─ 刮板式流量计
│   └─ 旋转活塞式流量计
└─ 质量流量
   ├─ 直接法
   │ ├─ 差压式质量流量计
   │ └─ 微动质量流量计
   └─ 间接法
      ├─ 体积流量表和密度计组合式质量测量系统微动质量流量计
      └─ 温度压力补偿式质量测量系统

4.1.2 工作任务

4.1.2.1 任务描述

查阅资料，辨识不同种类流量计。

4.1.2.2 任务实施

填写表4-1。

表4-1 流量仪表类型

流量计实物图片				
流量仪表类型及特点				

4.1.3 拓展训练

不导电的液体，能用电磁流量计测量其流量吗？

任务4.2　节流式流量计的应用

学习目标： 了解节流式流量计的工作原理。
能力目标： 会安装节流式流量计。

4.2.1　知识准备

　　节流式流量计根据节流原理来测量流量，广泛应用于化工、造纸生产过程，特别是对过热蒸汽和饱和蒸汽流量的测量几乎都是用这种形式的流量计。在工业流量测量领域，差压流量计占总流量计的1/3以上，其中用得最多的是由节流装置和差压计组成的节流式流量计。节流式流量计历史悠久，结构简单、工作可靠、适应性强、成本低，又具有一定的准确度，基本能满足工程测量的需要，所以得到广泛的应用。

　　一个完整的节流式流量计应包括节流装置、引压管路和差压计（或差压变送器）三个主要部分，其组成图如图4-4所示。

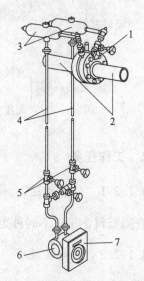

图4-4　节流式流量计的组成
1—节流装置；2—直管段；3—隔离罐或
集气器；4—引压管线；5—三阀组；
6—差压计；7—显示仪表

　　被测介质在管道2中流动，经节流装置1时，流动受到阻碍，在节流装置1前后就会产生一个压力降。节流装置前后的压力 p_1、p_2 经引压管线4送入差压计，压力 p_1、p_2 经差压计6进行处理由显示仪表7指示出来，或将差压信号用差压变送器转变为标准信号进行远传。在这个过程中，由于节流装置产生的差压信号（$\Delta p = p_1 - p_2$）与管道内介质流量成对应关系，因此测出节流装置前后压差的大小，就可知管道内的流量值。

　　节流装置的作用是被测介质流量转换为差压信号。引压管路的作用是引出反应流量大小的压力信号。而差压变送器用来检测差压信号并转换成标准信号，以实现流量的就地显示或远传。也可以说，节流式流量计就是利用节流装置构成的流量检测仪表。

　　节流装置的形式很多，常用的有孔板、喷嘴和文丘里管。它们属于标准节流装置，结构形式、管道条件、尺寸、技术及安装要求等均已标准化。除了标准节流装置外，还有一些非标准节流装置，在使用时应注意标定。

　　差压式流量计的流量方程式是依据流体力学中的质量守恒方程式和能量守恒方程建立起来的。在流量测量过程中，流量 q 与差压 Δp 之间成开方关系，可简单表达为

$$q = K \sqrt{\Delta p}$$

　　使用标准节流装置时，如果采用的是标准的流量系数，则在制造安装和使用时必须符合国家标准规定，才能保证流量的测量精度。在国家标准中，规定了两种取压方式：角接取压和法兰取压。标准孔板可采用角接取压和法兰取压，标准喷嘴为角接取压法。角接取

压装置可以采用环室或夹紧环（单独钻孔）取得节流件前后的差压。法兰取压装置由两个带取压孔的取压法兰组成。角接取压法比较简便，容易实现环室取压，测量精度较高。法兰取压法结构较简单，容易装配，计算方便，但精度比角接取压法低。

安装节流装置的管段应该是直的，截面为圆形，直线度可目测，在靠近节流元件 2D 范围内的管径圆度应按标准检验。管道内壁应洁净，上游侧 10D 和下游侧 4D 的范围内，内表面应符合粗糙度参数规定。节流元件前后要有足够的长的直管段，以保证流体稳定流动，并在节流元件前 1D 处达到充分的紊流。孔板一般要保证前 10D 后 5D。节流元件上游的阻流件除若干个 90 度弯头外，还串联其他形式的阻流件，则在这两个阻流件之间应装有一定的直管段。

差压式流量计在实际检测中，由于多种原因使得工艺参数（压力、温度）发生波动，不能完全符合标准节流装置的设计参数，这样测量的结果误差较大，所以有必要对差压式流量计进行压力和温度的补偿。

节流式流量计工作可靠，寿命长，方法简单，仪表无可动部件，量程比大约为 3∶1，管道内径在 50～1000mm 范围内均能应用；不足之处是对小口径管的流量测量有困难，压力损失较大，测量准确度不很高，维护工作量也较大，且感测组件与显示仪表必须配套使用用。尽管如何，它仍是目前使用最广的流量测量仪表见表 4-2。

表 4-2 节流式流量计常见故障及处理方法

故 障 现 象	可 能 原 因	处 理 方 法
显示跳动	被测介质压力波动大	关小阀门开度
	安装位置震动大	可安装减震器或移到震动小的地方
显示不变化	导压管堵	透通导压管
	导压管切断阀未打开	打开切断阀
显示偏低	正压则切断阀未打开或正导压管堵	打开切断阀，透通导压管
	平衡阀关不严	关严平衡阀或更换三阀组
显示偏高	负压则切断阀未打开或负导压管堵	打开切断阀，透通导压管
	导压管内隔离液被介质置换	重新加注隔离液，使两导压管内充满隔离液
显示误差大	变送器与仪表量程设置不一致	重新设置量程
	检测元件损坏	更换流量计
	零点量程调跑了	重新调校流量计
	没有开方运算	设置开方运算

4.2.2 工作任务

（1）任务描述。探索节流效应。

（2）任务实施。器具，透明有机玻璃管（内置流量孔板 1 只，孔板前后管壁上各打一取压孔），U 形管差压计 1 只，橡皮管 2 根。

步骤 1：将 U 形管的两个开口端通过橡皮管与取压口相连，注意防止泄漏。

步骤 2：改变流过玻璃管的水流量，注意观察差压计液柱高度变化。

步骤 3：橡皮管弯折，观察对差压指示值的影响。

4.2.3　拓展训练

在工业现场，看到采用节流装置测量高温蒸汽时，往往要加装冷凝罐，这是为什么？

任务 4.3　电磁流量计的应用

学习目标：了解电磁流量计的工作原理。

能力目标：能使用电磁流量计检测流量。

4.3.1　知识准备

电磁流量计是 20 世纪 50、60 年代迅速发展起来的流量测量仪表，广泛应用于石油、化工、制药、钢铁、造纸、食品、纺织印染等各个行业。大口径仪表较多应用于给排水工程。中小口径常用于固液双相等难测流体或高要求场所。小口径、微小口径常用于食品工业、医药工业、生物工程等场所。变送器口径通常选用与管道系统相同的口径。

制浆造纸生产过程中，纸浆及碱回收工段中的黑液都会有大量的纤维和杂质，黏度很高，所以一般流量计不能对它们进行测量。电磁流量计不受流体黏度的限制，测量纸浆及黑液流量效果较为理想，如图 4-5 所示。

电磁流量计可以测量酸，碱，盐等强腐蚀性及液固两相流体的体积流量，可与显示，记录仪表计算器或调节器配套，对流量进行检测、计算、调节和控制，并可实现信号的远距离传送。仪表的安装形式有一体式和分体式。电磁流量计的工作原理，如图 4-6 所示。

图 4-5　电磁流量计

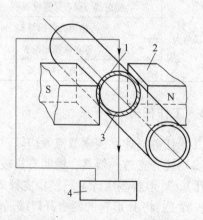

图 4-6　电磁流量计原理
1—导管；2—磁极；3—电极；4—仪表

电磁流量计是利用法拉第电磁感应原理制成的流量测量仪表，当导电的流体沿着与磁场垂直的方向流动时，就产生感应的电动势，这电动势与流体的流速成正比而流速与流量成正比，所以只要测出这感应电动势就可以测量流量。流体的体积流量与感应电势的关系为

$$q_v = \pi DE/4B$$

式中　E——感应电动势；

　　　B——磁感应强度；

　　　D——管道内径。

整套仪表由流量变送器和转换器两个部分组成。变送器安装在工艺管线上，它的作用是将流经管内的液体流量值线性地变换成感应电势信号，并通过传输线将此信号送到变送器中去，并转换成统一标准输出信号，以实现对被测液体流量的远传指示，记录、计算和调节。

电磁流量计的结构：

电磁流量计由电磁流量传感器和转换器两部分组成。传感器安装在工业过程管道上，上下装有励磁线圈，通励磁电流后产生磁场穿过测量管，一对电极装在测量管内壁与液体相接触，它的作用是将流进管道内的液体体积流量值线性地变换成感生电势信号，并通过传输线将此信号送到转换器。励磁电流则由变送器提供。转换器安装在离传感器不太远的地方，它将传感器送来的流量信号进行放大，并转换成流量信号成正比的标准电信号输出，以进行显示，累积和调节控制。按传感器和转换器的组装方式分为一体式和分离式两种。转换器与传感器组合连接在一起称为一体式流量计。

使用电磁流量计的前提是被测液体必须是导电的，不能低于下限值。电导率低于阈值会产生测量误差直至不能使用。

电磁流量计功能强大，操作简单，具体的特点如下：

（1）测量过程中压力损失小，不受温度、压力、流体密度的影响，可测量颗粒、悬浮物等流体的流量。

（2）衬里和电极可选择多种材料，可测量腐蚀性介质的流量。

（3）测量范围广，可靠性高，反应速度快，无滞后现象，易受外界磁场干扰。

（4）所测介质一定要能导电。

4.3.2　工作任务

（1）任务描述：

1）电磁流量计测量原理探究。

2）安装使用电磁流量计检测。

（2）任务实施。器具，电磁流量计 1 套（含二次仪表），导线若干。

步骤 1：电磁流量计测量原理探究。

步骤 2：认识电磁流量计结构组成。

步骤 3：电磁流量计安装接线，检测流量。

4.3.3 拓展训练

查阅资料，了解电磁流量计对安装场所、流体方向、直管段长度、安装位置有哪些要求？

任务 4.4　转子流量计的应用

学习目标：了解转子流量计的基本结构和分类。
能力目标：会安装和使用转子流量计。

4.4.1 知识准备

转子流量计又叫浮子流量计，是工业上常用的一种测量流量的仪表。转子流量计通常用来测量液体和气体介质的流量，可以就地指示或远传，如图 4-7 所示。应用时，只要将转子流量计垂直安装在被测介质的管道中，当介质流过时，就可以由转子在刻度尺上的位置读出被测流量值。

图 4-8 是一个转子流量计的示意图，从图可以看出，转子流量计主要由一个沿着锥管轴上下可自由移动的转子、锥形玻璃管和刻度标尺所组成。

当被测流体从入口进入，自下而上流动时，转子受流速的作用向上移动，锥形管壁和的间隙逐渐增大，当被测介质对转子的作用力正好等于转子在被测介质中的重力时，转子受力处于平衡状态，停留在某一高度上，当流量发生变化时，转子将移到新的位置，继续保持平衡，转子在锥形管的高度与所通过的流量有对应的关系，因此观察转子在锥形管的高度位置，即可得到相应的流量值。这就是转子流量计的测量原理。因此，转子流量计是以转子在垂直锥形管中随流

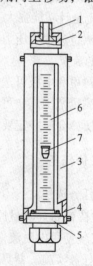

图 4-8　转子流量计示意图
1—接管；2—螺母；3—护板；4—支撑；
5—基座；6—锥管；7—转子

图 4-7　金属转子流量计

量变化而升降，改变它们之间的流通面积来进行测量的速度式流量仪表。

由于转子所受的浮力和重力是定值，所以在每一次平衡时，转子前后的压差总是相同的。被测流量的大小与转子的高度相对应，从实质上讲，被测流量是与转子和锥形管之间环形流通面积相对应。因此，用转子流量计测量流量的方法，也称为恒压降变面积式流量检测方法。在测量时，转子始终处于被测介质中，受到浮力作用，所以常常把转子称为浮子。

需要注意的是，测量液体（或气体）介质流量时，转子流量计上的刻度是在工业标准状态下（20℃，$1.0132 \times 10^5 Pa$），用水（或空气）进行标定的。当被测介质或工况改变时，由刻度标尺上读到的流量值应进行修正。

转子流量计除了按被测介质分为液体转子流量计和气体转子流量计两种类型外，常见的分类方法一般按锥形管材料的不同分为玻璃管转子流量计和金属管转子流量计。玻璃管转子流量计用于就地指示，金属管转子流量计常制作成流量变送器，用于信号远传。

4.4.1.1　玻璃管转子流量计

玻璃管转子流量计（图4-9）由玻璃锥管、转子、与管路连接的上下基座、密封垫圈和上、下止挡等组成，透明锥形管材料用得最多的是硼硅玻璃。因为是就地指示仪表，所以要求介质为干净透明的流体，且黏度要小，同时工作压力和温度都有要求。

4.4.1.2　电远传转子流量计

电远传转子流量计锥形管由金属制成，外形如图4-10所示。整个转子流量计由测量变送器和转换器两部分组成。测量变送器中，浮子与差动变压器的铁芯连在一起，将流量所对应的浮子位置转换成差动变压器的输出电势，经转换器的作用，输出标准电流信号 4～20mA，由显示仪表指示出相应的流量或输出远传信号。与透明锥形管浮子流量计相比，金属锥形管可适用于温度和压力较高的介质，且无玻璃管浮子流量计锥管易被击碎的潜在危险。

图4-9　玻璃管转子流量计示意图

图4-10　电远传转子流量计示意图

4.4.1.3　气远传转子流量计

气远传转子流量计由测量部分和指示带气远传部分组成。两者由支架连接在一起。在浮子中嵌磁钢，将浮子的位置信号经电磁感应耦合出来，通过四连杆机构和喷嘴挡板机构，即可就地指示流量大小，亦可通过标准气压信号值反映流量的高低。

随着检测技术快速发展和检测仪表不断更新，转子流量计也向着集成化、智能化方向发展，品种更加多样和齐全。

4.4.2　工作任务

（1）任务描述。电远传转子流量计的安装和调校。

（2）任务实施。器具，金属转子流量计一只、导线若干、万用表一只、校验仪一个、工具一套。

步骤 1：金属转子流量计应垂直安装在待测介质的管道上，仪表安装方向要正确，流量计进口前端、出口端的直管段长度要合适。

步骤 2：断电条件下，打开远传信号盒盖子。按图接线后，通电进行调试，按使用说明书对仪表进行调校。

步骤 3：调校正常后，盖好信号盒盖子并拧紧盖子上的坚固螺钉，防止雨水和灰尘等杂质进入，仪表投入使用。

步骤 4：为方便拆卸仪表，可设置旁路管道，根据需要选择。

4.4.3　拓展训练

查阅资料，了解电远传转子流量计主要应用在哪些场合？

模块 5 物位测量仪表的应用

学习情境描述

所谓物位测量，就是指容器中固体、液体的表面高度或位置测量。在制浆造纸生产过程中，测量物位如煤位、灰位、水位、油位等较多。物位测量的单位为长度单位（一般是mm、m）。

本学习情境主要完成四个学习性工作任务：
(1) 物位测量仪表的类型。
(2) 静压式液位计的应用。
(3) 超声波物位计的应用。
(4) 电容式物位计的应用。

任务 5.1 物位测量仪表的类型

学习目标：(1) 了解物位的含义。

(2) 知道常用的物位测量方法。

能力目标：能根据检测要求选择合适的物位测量仪。

5.1.1 知识准备

5.1.1.1 基本概念

在制浆造纸生产过程中经常遇到大量的液体物料和固体物料，它们占有一定的体积，堆成一定的高度。造纸中的制浆及碱回收工段都有大量的槽、罐、塔等容器，这些容器里都装有液体，液体表面的位置称为液位。把料仓、储罐存储固体颗粒、块、粉粒等的堆积高度和表面位置称为料位；两种互不相溶的物质的界面位置称为界位，液位、料位以及界面总称为物位。物位的测量就是对相界面位置的测量。

物位测量是利用物位传感器将非电量的物位参数转换成可测量的电信号，通过对电信号的计算和处理，可以确定物位的高低，其物位计如图 5-1 所示。通过物位测量确定容器里原料、半成品、成品的数量，掌握物料是否在规定范围内，判断并调节容器中物料的流入量、流出量，以保证生产过程中各环节物位受到有效的监督和控制，生产过程正常进行及设备的安全运行，得到预先计划好的原料用量或进行经济核算。

5.1.1.2 物位测量的特点

液面静态时表面规则，物料进出时，会有波浪，以及沸腾、起泡现象；大型容器中：

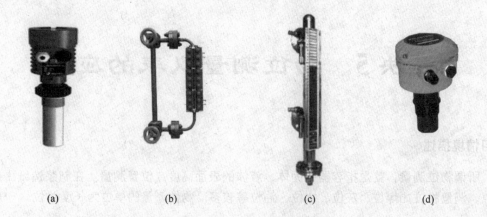

(a)　　　　　　　　(b)　　　　　　　　(c)　　　　　　　　(d)

图 5-1　物位计

(a) 雷达物位计；(b) 云母水位计；(c) 磁翻板液位计；(d) 超声波物位计

液体的各处温度、密度、黏度等物理量不均匀现象。容器中常会有高温高压，液体黏度很大，或含有大量杂质悬浮物等。物料自然堆积，表面不平；存在"挂臂"现象；料内存在大大小小的空隙，影响储量计算，受震动、压力、温度等影响。界面测量的特点是界面位置不明显，存在浑浊的工作段。

5.1.1.3　物位测量的主要方法

在工业生产中，各种物料的性质不同，物位测量的方法有很多，所用的仪表也不同，为了适应各种不同的测量要求，常用的物位测量方法见表 5-1。

表 5-1　常用的物位测量方法

类　型	测　量　方　法	特　　点
直读式	利用连通器的原理测量。如玻璃管、云母液位计	直观，就地直接读数，不可远传
浮力式	根据浮在液面上的浮球或浮标随液位的高低而产生上下位移，或浸于液体中的浮筒随液位变化而引起浮力的变化的原理来测量。如浮球式液位计	直观，就地直接读数，可配合调节装置使用
静压式	基于流体静力学中一定液柱高度的液体产生一定压力的原理。如差压式液位计	可连续测量，信号也用于调节系统
电接点式	将液位信号转变为电极通断信号	测导电液体，间断测量，断续信号
电容式	直接将液位转换为电容的变化	连续测量
超声波式	利用超声波在介质中传播为回声测距原理进行测量	非接触式测量、可连续测量
微波式	利用回声测距的原理。如导波雷达液位计	非接触式测量、可连续测量
相位跟踪式	相位跟踪法是通过测量发送射频波与从物料表面反射回波之间的相位角来测量物位的	连续测量料位、环境适应性强
核辐射式	利用核辐射线穿透物体的能力以及物质对放射性射线的吸收特性进行测量	非接触式测量、可连续测量，但使用时须注意保护
重锤式	利用测量重锤从容器顶部到料面的距离来测量料位	机械式；适用于灰尘、蒸汽、温度等影响的恶劣场合

5.1.2　工作任务

（1）任务描述。阅读表 5-1，选择合适的物位检测仪表。

（2）任务实施。填写表 5-2。

表 5-2　物位测量仪表认识及选择表

序号	检 测 要 求	选择仪表类型及理由（可以不止一种）
1	测量高温的酸、碱溶液	
2	测量粉状料位，如煤粉、饲料等	
3	测量重油油罐液位	
4	测量液位并具有声光高低警戒报警或 4～20mADC 信号输出的功能	
5	测高温高压容器水位，检测信号需送远方显示	

5.1.3　拓展训练

（1）说说你见过的物位计类型及它们应用在什么场合。

（2）通过查阅资料，了解新型的物位测量仪表。

任务 5.2　静压式液位计的应用

学习目标：了解静压式液位计的原理、结构及用途。

能力目标：能根据使用场合选择合适的液位计。

5.2.1　知识准备

用静压式液位计测量液位时（见图 5-2），根据被测对象不同，可以分为压力式物位检测仪表和差压式物位检测仪表两种类型。前者用于测量敞口容器中的液位；后者用于测量密闭容器中液位，它们的结构原理图，分别如图 5-3、图 5-4 所示。当容器中的液位 H 发生变化时，就可以由压力计或差压计显示出 H 的数值。

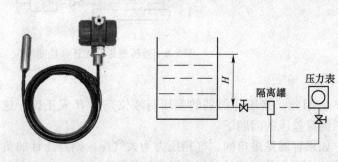

图 5-2　静压式液位计　　　　图 5-3　压力式液位计

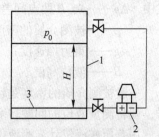

图 5-4　差压式液位计

1—容器；2—差压传感器；

3—液位零面

两种结构形式的物位检测仪表，只是使用场合有区别，它们的测量原理是相同的，都是根据流体静力学原理来工作的，测量原理如图 5-5 所示。

图中，用 A 代表被测液面；B 代表零液位；H 为液面高度。由流体静力学原理可知，A、B 两点的压力差 Δp 为

$$\Delta p = p_A - p_B = H\rho g \qquad (5\text{-}1)$$

式中，ρ 为容器中液体的密度；g 为重力加速度；p_A 和 p_B 分别为容器中 A、B 两处的静压。

由于 ρ、g 为常数值，被测液柱高度 H 与 Δp 成正比关系，只要测出 Δp 就可以得到被测液位 H，这就是差压式液位计的测量原理。

图 5-5　静压式液位计原理图

当被测对象为敞口容器时，p_A 为大气压 p_0，式（5-1）变为

$$p = p_B - p_0 = H\rho g \qquad\qquad (5\text{-}2)$$

由式（5-1）、式（5-2）可知，只要选择合适的压力或差压检测仪表，就可以实现被测液位的检测。

从实质上讲，压力式液位计是一个由液位容器、截止阀、引压管、压力表（或差压计）和引压导管所组成的检测系统。如果测量信号需要远传，只要用压力传感器、压力变送器（或差压变送器）取代压力表（或差压计）即可。

5.2.2　差压式液位计

5.2.2.1　差压式液位计的测量原理

差压式液位计。是利用容器内的液位改变时，由液柱高度产生的静压也相应变化的原理而工作的，如图 5-6 所示。

差压计的一端接液相、压力为 p_B，另一端接气相，压力为 p_A，根据静力学原理得：

$$p_B = p_A + \rho g H \qquad (5\text{-}3)$$

$$\Delta p = p_B - p_A = \rho g H \qquad (5\text{-}4)$$

式中　Δp——A、B 两点间差压；

　　　ρ——被测介质的密度；

　　　g——重力加速度；

　　　H——液位高度。

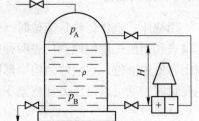

图 5-6　差压变送器无迁移检测液位

一般被测介质的密度是已知的。因此，差压计得到的差压与液位高度 H 成正比。这样，就将测量液位的问题转变成了测量差压的问题了。

用差压式液位计来测液位时，如果容器是敞口的，气相压力为大气压，则差压计的负压室通大气就可以了，只需将容器的液相与差压计的正压室用引压管线相连接。

用差压式液位计测量液位时，容器的液相必须要用管线与差压计的正压室相连，而化工生产中的介质，常常会遇到有杂质、结晶颗粒或有凝聚等问题，容易使连接管线堵塞，

此时，需要采用法兰式差压变送器。

5.2.2.2　用法兰式差压变送器测量液位

法兰式差压变送器是用法兰直接与容器上的法兰相连接。如图 5-7 所示，共由三部分组成：法兰式测量头 1 是由金属膜盒做的，毛细管 2，差压变送器 3。法兰式差压变送器的测量部分及气动转换部分的动作原理与差压变送器相同。

在膜盒、毛细管和变送器的测量室之间组成封闭的系统。内充有硅油，作为传压介质，使被测介质不进入毛细管与变送器，以免堵塞。

法兰式差压变送器按结构形式分为双法兰及单法兰式两种，法兰的构造又有平法兰和插入式法兰两种。

5.2.2.3　零点迁移问题

用差压变送器测量液位时，差压与液位高度的关系为：

$$\Delta p = \rho g H \tag{5-5}$$

如果是气动差压变送器，当液位高度 H 为 0 时，变送器输出信号为 20kPa 的气压信号；当液位高度 H 为最高时，变送器输出信号为 100kPa 的气压信号。而当 H 在零与最高之间时，变送器有一一对应的信号输出，这是液位测量中最简单的量程"无迁移"情况。如图 5-6 所示。

在实际应用中，常常由于差压变送器安装位置等原因，使得液位为零时，差压不为零，对应的差压变送器的输出不为 20kPa；在 H 为最高时，对应的差压变送器的输出也不为 100kPa。为了确保被测液位和变送器的输出一一对应，必须对差压变送器进行零点迁移。下面通过实例来分析零点迁移的问题。测量有腐蚀性或易堵管线的介质时，如图 5-8 所示安装差压计，在变送器正、负差压室与取压点之间分别装有隔离罐，并充以隔离液，若被测介质密度为 ρ_1，隔离液密度为 ρ_2，并且假设 $\rho_1 > \rho_2$，则有

$$p_+ = p_A + h_0 \rho_2 g + H \rho_1 g$$

$$p_- = p_A + h_1 \rho_2 g$$

$$\Delta p = p_+ - p_- = H \rho_1 g - (h_1 - h_0)\rho_2 g \tag{5-6}$$

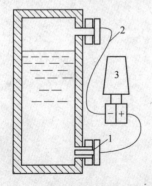

图 5-7　法兰式差压变送器测量液位示意图
1—法兰式测量头；2—毛细管；3—差压变送器

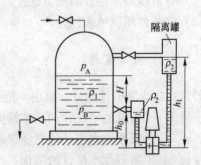

图 5-8　差压变送器负迁移检测液位

对比式（5-6）和式（5-5），可以看出差压多了一项 $(h_1-h_0)\rho_2 g$，即：当 $H=0$ 时，$\Delta p=-(h_1-h_0)\rho_2 g<0$，与无迁移情况相比，相当于在负压室多了一项压力，其固定数值为 $(h_1-h_0)\rho_2 g$。由于这个固定差压的存在，当液位为零时，变送器的输出势必要小于 20kPa，为了使仪表能正确的反映出液位的高低，必须设法抵消固定差压 $(h_1-h_0)\rho_2 g$ 的作用，也就是当 $H=0$ 时，差压变送器输出也为零点 $p_{出}=20kPa$。采用的方法是在仪表上加一弹簧装置，以抵消固定差压 $(h_1-h_0)\rho_2 g$ 的作用，这种方法称为负迁移，这个固定差压值称为负迁移量，这个弹簧称为负迁移弹簧。

这里迁移弹簧的作用，其实质就是改变量程的上下限，相当于量程范围的平移，它不改变量程范围的大小。因为弹簧调整好后，在各个测量点上都不会再变化，测量范围内的任何测量值均在此迁移量的基础上增加。

由于工作条件的不同，有时会出现正迁移，如图 5-9所示。

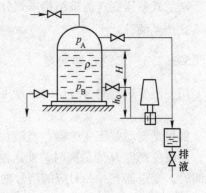

$$p_+=p_A+h_0\rho_2 g+H\rho g$$

$$p_-=p_A$$

$$\Delta p=p_+-p_-=H\rho g+h_0\rho g \qquad (5\text{-}7)$$

图 5-9　差压变送器正迁移检测液位

式（5-7）中，当 $H=0$ 时，$\Delta p=h_0\rho g>0$ 相当于在差压变送器的正压室多了一项压力，与负迁移问题一样，调整迁移弹簧抵消这一固定差压。这种方法称为正迁移。这个固定差压值叫正迁移量。

在差压变送器的规格中，一般都注有是否带正、负迁移装置，型号后面加"A"的为正迁移，加"B"的为负迁移，选用哪种规格，必须根据现场安装要求确定。

5.2.3　工作任务

5.2.3.1　任务描述

（1）分析就地水位计的测量误差。

（2）安装使用就地水位计。

5.2.3.2　任务实施

器具：就地液位计1只，扳手1把。

步骤1：了解就地水位计的基本结构和原理。

步骤2：分析就地水位计的测量误差。

步骤3：了解双色水位计的结构。

步骤4：安装就地水位计。

步骤5：就地水位计调试运行。

5.2.4　拓展训练

　　玻璃管液位计显示锅炉汽包为高水位，控制室仪表上显示为低水位，如何判定锅炉水位的真实值？

任务 5.3　超声波物位计的应用

学习目标：了解超声波物位计的原理及特点。
能力目标：会安装和使用超声波物位计。

5.3.1　知识准备

　　超声波物位计是利用超声波在物位上反射和透射传播特性来测量物位的，如图 5-10 所示。超声波检测是利用不同介质的不同声学特性对超声波传播的影响来探查物体和进行测量的一门技术，广泛地应用在物位检测、厚度检测和金属探伤等方面。人耳所能听到的声波在 20 ~ 20000Hz，频率超过 20000Hz，人耳不能听到的声波称超声波。声波的速度越高，越与光学的某些特性如反射定律、折射定律相似。

　　超声波物位测量是一种非接触式物位测量方法，应用领域十分广泛。既可用于液位测量，也可用于料位测量。

　　超声波物位计主要由超声波换能器及测量电路组成。超声波换能器交替地作为超声波发射器与接收器，也可以用两个换能器作为发射器与接收器，它是物位检测的传感器（图 5-11）。超声波换能器是根据压电晶体的"压电效应"和"逆压电效应"原理实现电能-超声波能的相互转化的。测量电路由控制时钟、可调振荡器、计数器、译码指示等部分组成。

图 5-10　超声波物位计

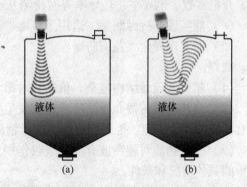

图 5-11　超声波物位计正确安装与错误安装示意图
（a）正确安装方法；（b）错误安装方法

　　在容器底部或顶部安装超声波发射器和接收器，发射出的超声波在相界面被反射。并由接收器接收，测出超声波从发射到接收的时间差，便可测出液位高低，如图 5-12 所示。

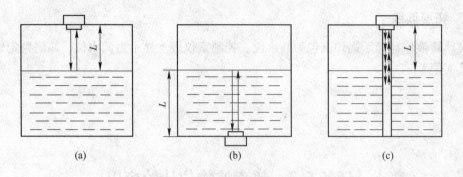

图 5-12　超声波液位计分类

（a）气介式；（b）液介式；（c）固介式

超声探头至物位的垂直距离为 H，由发射到接收所经历的时间为 t，超声波在介质中传播的速度为 v，则 $H = vt/2$。

超声波物位计按探头的工作方式可分为自发自收的单探头方式和收发分开的双探头方式。单探头液位计使用一个换能器，由控制电路控制它分时交替作发射器与接收器。双探头式则使用两个换能器分别作发射器和接收器，对于固介式，需要有两根金属棒或金属管分别作发射波与接收波的传输管道（见图 5-13）。

超声波物位计特点如下：

（1）与介质不接触，无可动部件，结构简单，仪器寿命长。

（2）可测范围广，液体、固体颗粒、粉末的物位都可以测量。

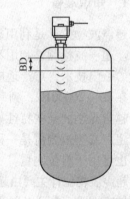

图 5-13　超声波物位计的安装

（3）超声波传播速度比较稳定，光线、介质黏度、湿度、介电常数、电导率、热导率等对检测几乎无影响。

（4）能实现非接触测量，适用于有毒、高黏度及密封容器内的液位测量。

（5）能实现安全火花型防爆。

缺点：

（1）超声波仪器结构复杂，价格相对昂贵。

（2）当超声波传播介质温度或密度发生变化，声速也将发生变化，对此超声波液位计应有相应的补偿措施，否则严重影响测量精度。

（3）有些物质对超声波有强烈吸收作用，选用测量方法和测量仪器时要充分考虑液位测量的具体情况和条件。

探头声波的起振周期决定了探头下的某一区域的回波无法被探测，这个区域就是盲区，它决定了探头和最高物位之间的最小间距。

1）安装传感器时一定要注意，探头和最高表面的距离一定要超过盲区，若被测物体进入盲区内，该传感器测量会发生错误。

2）不可在同一料罐内安装 2 个超声波物位计，这样会影响仪表的正常工作。

3）不要把传感器安装在料罐顶的中间部位。

4）注意传感器的正确角度。

5）不要把传感器安装在加料区。

安装方式如图 5-14 所示。

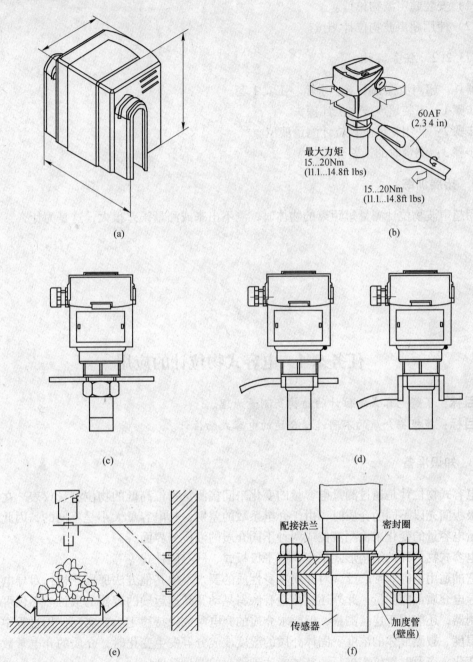

图 5-14　安装方式

（a）防护罩；（b）壳体：可旋转式壳体在安装后还可以重新定位；（c）标准安装：用沉定螺纹连接；
（d）用焊接套筒连接；（e）用安装支架安装；（f）用配接法兰安装

5.3.2　工作任务

5.3.2.1　任务描述

（1）安装超声波物位计。
（2）使用超声波物位计测量。

5.3.2.2　任务实施

器具：超声波探头 1 支、水箱、工具 1 套。
步骤 1：安装超声波物位计探头。
步骤 2：使用超声波物位计测量液位。
步骤 3：测量时的误差分析。

5.3.3　拓展训练

用超声波物位计测量短距离的物体时，测不出来或测量误差很大，这是为什么？

任务 5.4　电容式物位计的应用

学习目标： 了解电容式物位计的结构及测量原理。
能力目标： 能根据介质的不同选择合适的电容式物位计。

5.4.1　知识准备

电容式物位计是通过测量电容量的变化来间接测量物位高低的物位测量仪表。在电容器的极板间充以不同的介质时，由于介电系数的差别，其电容量大小是不同的，因此，可用测量电容量的变化来检测液位或两种不同介质的液位分界面。

电容式物位计的结构形式很多，有平极板式、同心圆柱式等等。

它的适用范围非常广泛，对介质本身性质的要求不像其他方法那样严格，对导电介质和非导电介质都能测量，此外还能测量有倾斜晃动及高速运动的容器的液位。不仅可作液位控制器，还能用于连续测量，但要求介质的介电常数保持稳定。在实际使用过程中，当现场温度、被测液体的浓度、固体介质的湿度或成分等发生变化时，介质的介电常数也会发生变化，应及时对仪表进行调整才能达到预想的测量精度。

对于非导电介质，液位测量的电容式液位计原理如图 5-15 所示。它由金属棒做成的内电极和由金属圆筒做成的外电极两部分组成。外电极上有孔，使被测液体能自由流进内外电极之间的空间。当液位为零时，内外电极间的电容量可根据同心圆筒形电容的计算公

式写出:

$$C_0 = \frac{2\pi\varepsilon_0 L}{\ln\dfrac{D}{d}}$$

式中　ε_0——空气的介电常数;

　　　L——圆筒电极的高度;

　　　D——外电极内径;

　　　d——内电极外径。

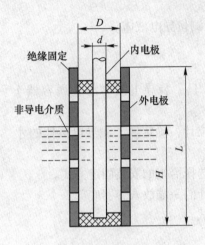

图 5-15　非导电液体的液位测量

当液面高度上升到 H 时,电容成为上下两段,计算应分开进行。下半截电容中以液体的介电系数 ε 计算,上半截($L-H$)中因介质是空气,其介电系数仍为 ε_0,故电容量

$$C = \frac{2\pi\varepsilon H}{\ln\dfrac{H}{d}} + \frac{2\pi\varepsilon_0(L-H)}{\ln\dfrac{H}{d}} = \frac{2\pi(\varepsilon-\varepsilon_0)H}{\ln\dfrac{H}{d}} + \frac{2\pi\varepsilon_0 L}{\ln\dfrac{H}{d}}$$

由公式可知,电容量与液面高度 H 呈线性关系,测定此电容值便可测知液面高度。仪表的灵敏度与($\varepsilon-\varepsilon_0$)成正比,与 $\ln\dfrac{H}{d}$ 成反比。也就是说,被测液体与空气的介电系数相差愈大,测量灵敏度愈高;同时内外电极间的距离愈靠近,即 D/d 愈接近 1,测量灵敏度也愈高。决定内外电极间的距离还要考虑其他因素,不能过分靠近。

如果被测介质为导电液体(如纸浆),可采用金属棒作为内电极,其表面覆盖一层绝缘套管作为中间介质,被测的导电液体与金属容器壁一起作为外电极,从而构成圆筒电容器,如图 5-16 所示,其原理同上。

上述电容测量液位的方法也可用于颗粒状、粉状、碎片状(如制浆原料木片)等料位的测量,但由于固体物料的流动性差,不能采用双圆筒式电极,通常采用一根电极棒与金属容器壁构成电容器的两电极。

电容物位计的传感器部分结构简单,使用方便。但由于电容变化量小,要精确测量,就须借助于较复杂的电子线路来实现，此外，还应注意介质浓度、温度变化时，其介电常数也会发生变化这一情况，由此产生的误差应在测量电路中采取补偿措施，以得到精确的测量结果。

5.4.2　工作任务

5.4.2.1　任务描述

（1）安装电容式物位计。
（2）使用电容式物位计测量导电液体。

5.4.2.2　任务实施

器具：电容式物位计 1 只、装导电液体的金属容器 1 个、导线若干、工具 1 套。

步骤 1：检查电容式物位计，确定属于测导电液体的才能使用。

步骤 2：根据现场条件选择恰当的安装固定方式。

步骤 3：将电容式物位计的一端放入容器底部。

步骤 4：按图接线，调试。

5.4.2.3　拓展训练

用于测量导电介质的液位的电容式物位计能用于测量黏滞性介质吗？试从它的原理说明原因。

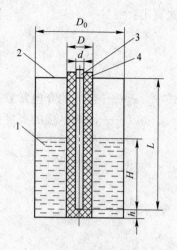

图 5-16　测量导电液体液位的
可变电容传感器

1—被测导电液体；2—容器；
3—不锈钢棒；4—聚四氟乙烯套管

模块 **6**   成分分析仪表的应用

学习情境描述

在制浆造纸生产过程中，除了对温度、压力、流量、物位等常规热工参数进行连续测量与监视之外，为了保证产品的质量和锅炉运行的经济性和安全性以及对生产进行经济核算的需要，还需对水溶液中氢离子浓度、黑液的浓度或密度、纸浆的浓度、烟气的成分等进行测量和监视。

本学习情境主要完成三个学习性工作任务：

(1) 氧量分析仪的应用。

(2) 浓度计的应用。

(3) 工业 pH 计的应用。

任务 **6.1**   氧量分析仪的应用

学习目标：了解氧量计的作用、种类及结构。

能力目标：会安装和使用氧量分析仪。

6.1.1   知识准备

为了使锅炉的燃烧达到最佳状态，应保证进入锅炉的燃料和空气的比例合适，才能达到节省燃料，提高锅炉效率的作用。如何监督锅炉的燃烧质量，工业生产中主要通过锅炉烟气含氧量或二氧化碳含量的分析来了解锅炉内的燃烧情况。用于烟气成分分析的仪表很多，如氧化锆氧量计（见图 6-1）、热磁式氧量计、热导式 CO_2 分析仪、气相色谱分析仪等。目前造纸厂普遍采用氧化锆氧量计测量锅炉烟气中的含氧量。氧化锆氧量计具有结构简单、运行可靠、安装方便、响应快、灵敏度高、测量范围宽、维护量小等优点。锅炉运行人员根据烟气中氧含量的多少，及时调整送风与煤的比例，以保证锅炉正常、经济燃烧。

6.1.1.1   氧化锆氧量计的结构

氧化锆氧量计的管子材料是氧化锆（ZrO_2），氧化锆氧量计因此而得名。在管子的

图 6-1   氧化锆氧量计

内外壁上烧结上一层长度约为 26mm 的多孔铂电极，用直径约为 0.5mm 的铂丝作为电极引出线。测氧元件是一个外径约为 10mm，壁厚为 1mm，长度为 70～160mm 的管子。因为氧化锆的输出与管的工作温度有关，为了使其正常工作，在氧化锆管外装有加热装置，如图 6-2 所示。

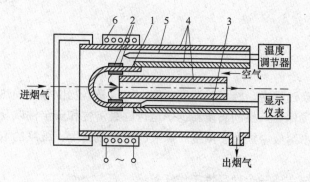

图 6-2　氧化锆探头结构
1—氧化锆管；2—内外铂电极；3—电极引线；4—Al₂O₃ 管；5—热电偶；6—加热炉丝

6.1.1.2　氧化锆测氧原理

氧化锆氧量计的基本原理是（见图 6-3），以氧化锆作固体电解质，高温下的电解质两侧氧浓度不同时形成浓差电池，浓差电池产生的电势与两侧氧浓度有关，如一侧氧浓度固定，即可通过测量输出电势来测量另一侧的氧含量。氧化锆氧量计的发送器就是一根氧化锆管。在氧化锆管两侧氧浓度不等的情况下，浓度大的一侧的氧分子在该氧化锆管表面电极上被金属铂吸附，并且在其催化作用下结合两个电子形成氧离子，而在金属铂表面上留下过剩的正电荷。氧离子进入氧化锆离子空穴中，向氧浓度低的一侧泳动，当到达低浓度一侧时在该侧电极上释放两个电子形成氧分子放出，于是在电极上造成电荷积累，两电极之间产生电势，此

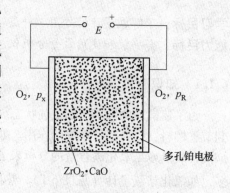

图 6-3　氧化锆浓差电池原理图

电势阻碍这种迁移的进一步进行，直到达到平衡状态，这就形成浓差电池，它所产生的与两侧氧浓度差有关的电势，称作浓差电势。氧化锆氧量计利用氧化锆固体电解质作为测量元件，将氧量信号转化为电量信号。它具有结构简单、安装方便、不受其他气体干扰等优点。

6.1.1.3　氧化锆氧量计的安装

氧化锆氧量计的安装位置直接影响到测量结果的准确与否，所以对测点的选择尤为重要。氧化锆应安装在烟气流通良好、流速平稳无旋涡、烟气密度正常而不稀薄的区域。在水平烟道中，应安装在上方；在垂直烟道中，应安装在靠近烟道壁。不宜将仪表安装在烟

道拐弯处，容易造成测量不准确。

　　氧化锆氧量计安装前，应检查其外观是否完好无损、配件是否齐全；氧化锆管内阻常温下应为 $10M\Omega$ 以上；探头加热电炉的电阻值应在 $140\sim170\Omega$ 左右；热电偶两端的电阻值应为 $5\sim10\Omega$；最后接通电源并作联机试验。

6.1.1.4　氧化锆氧量计的维护

　　(1) 对于第一次投入使用的仪表，在第一周内，应每天检查一次加热丝电压和探头温度，以后可延长到每周检查一次。
　　(2) 每月用毫伏表信号校对转换器一次。
　　(3) 每三个月，用标准气体校对仪表示值一次。

6.1.2　工作任务

6.1.2.1　任务描述

安装直插式氧化锆氧量计的测量系统。

6.1.2.2　任务实施

器具：氧化锆氧量计、石棉密封垫、螺栓、工具 1 套。
　　步骤 1：选择合适的测点。
　　步骤 2：氧化锆管采用法兰安装方式，在烟道法兰与探头法兰之间装入石棉密封垫，法兰上的孔对正，用扳手将螺栓和法兰固定密封。
　　步骤 3：按照氧化锆氧量计的使用说明书连接好线路，并安装好管路。将氧化锆氧量计的显示仪表装在控制室，方便观察数据。
　　步骤 4：氧化锆氧量计标定校验。
　　步骤 5：重新检查线路、管路，标定正常，氧化锆氧量计即可投入使用。

6.1.3　拓展训练

　　氧化锆氧量计的安装位置对测量结果有什么影响？使用氧化锆氧量计时要注意什么问题？

任务 6.2　浓度计的应用

学习目标： 了解浓度计的作用、种类及结构。
能力目标： 会安装和使用浓度计。

6.2.1　知识准备

在制浆造纸生产过程中，纸浆浓度是一个重要的工艺变量，它不仅影响生产过程中浆料的配比而且直接影响纸张的质量。因此控制好各个环节的纸浆浓度，对减小原材料的消耗和保证成品纸张的质量都具有极其重要的意义。根据纸浆流体的性质，一般把纸浆分为中浓度（浓度一般大于 2%）和低浓度（浓度一般小于 2%）。中浓度纸浆测量仪表一般是利用纸浆流动时对感测元件所表现出来的压力损失与浓度有一定的关系来测量的，而低浓度纸浆测量仪表一般是利用纸浆对光的吸收、散射和透射能力与纸浆浓度有关的特性来工作的。

根据纸浆浓度的不同，在工业生产过程中，中浓度纸浆一般采用刀式纸浆浓度变送器、旋转式纸浆浓度变送器来测量浓度；而低浓度纸浆通常采用光电式低浓纸浆浓度变送器、偏振光式低浓纸浆浓度测量仪来测量。以下主要介绍这几种浓度测量仪表。

6.2.1.1　静刀式浓度变送器

静刀式浓度变送器应用在制浆造纸工业的浓度测量如图 6-4 所示，它基于剪切力原理进行测量并直接安装在工艺管道上。与变送器一起的有操作单元，针对不同用途的刀式传感器和过程连接件。在纸浆工艺管道上安装一个固定物作为感测元件，管道中有纸浆流动时，速度为 v 的纸浆在碰到固定物体时，前缘部分的纸浆速度将降为零，而管道内其他纸浆则继续以 v 速度流动。由于纸浆特殊的纤维结构，这些继续以 v 速度流动着的纸浆将带动前缘速度为零的纤维沿物体表面流动，并且使得这部分纤维流速由零逐渐增大。这种流线型是伴随着纤维对物体表面及其纤维层之间的摩擦而发生的。当纤维离开物体时，它们混入到总的纸浆流中，且速度恢复为 v。因此纸浆纤维对检测元件表面产生摩擦力，该摩擦力的大小取决于纸浆浓度，纸浆浓度越高，摩擦力越大。因此，可以通过测

图 6-4　静刀式浓度变送器

量该摩擦力的大小来间接测量纸浆。采用上述原理制成的变送器要解决纸浆对其产生的冲击力和它切断运动着的纸浆纤维结构所需的剪切力的影响，以保证纸浆浓度与摩擦力呈一定的关系。

静刀式纸浆浓度变送器属于流线形变送器，它由感测元件弯刀、力—电转换装置组成。弯刀的作用是将纸浆浓度转换成与之成比例的摩擦力 F，并传送给力—电转换装置的杠杆系统。力—电转换装置主要由力平衡转换、位移检测、放大器和反馈装置等部分组成。

6.2.1.2　智能动刀式浓度变送器

为了克服静刀式浓度变送器在测量纸浆浓度上的缺陷，工业上又推出了动刀式浓度变送器如图 6-5 所示，它采用动刀传感元件，利用剪刀力原理对浓度进行测量。这种动刀式浓度变送器测量范围比较宽（1.5%~8%），它可以根据纤维品种、管道大小等因素更换传感元件形式，基本上不受纸浆成分、压力、打浆度等的影响，与静刀式相比，更少受流速的影响。

6.2.1.3　光电式低浓度纸浆浓度变送器

当光线通过含有纤维、胶料、白水等的低浓度纸浆时，纸浆对光线会进行吸收和部分散射，其中散射的光通量与纸浆浓度有关。光电式低浓度纸浆浓度变送器就是根据散射的光通量与纸浆浓度有一定的关系这个原理制成。

图 6-5　动刀式浓度变送器

6.2.2　工作任务

6.2.2.1　任务描述

查阅资料或上网，填写表 6-1 的内容。

6.2.2.2　任务实施

见表 6-1，完成内容。

表 6-1　主要技术指标

序　号	产　品　名　称	生产厂家	规格型号	适用范围	主要技术指标
1	刀式纸浆浓度变送器				
2	光电式低浓纸浆浓度变送器				
3	旋转式纸浆浓度变送器				
4	偏振光式低浓纸浆浓度测量仪				

6.2.3　拓展训练

查阅资料，比较静刀和动刀式纸浆浓度变送器的不同。以表格的形式写出进行对比。

任务 6.3　工业 pH 计的应用

学习目标：了解工业 pH 计的工作原理、结构及作用。

能力目标：会安装和使用工业 pH 计。

pH 计又称酸度计（见图 6-6），是测量溶液酸碱度的仪表。在制浆造纸生产过程中，有许多溶液属于电解液，例如，蒸煮液、漂液、明矾液等。对于这些电解质溶液的测量，根据其化学特性，常采用电极电位法和电导方法。电极电位法是利用某些特制的电极对溶液中被测离子有特殊的敏感性，从而产生与离子浓度有关的电极电位，通过测量电极电位就可以知道该溶液的离子浓度。电导法是利用

图 6-6　工业 pH 计

电解质溶液的电导率与溶液中的离子种类和浓度有一定的关系，通过测量电解质溶液的电导率就可以知道该溶液的浓度。

6.3.1　pH 计的测量原理

6.3.1.1　pH 值测量方法

测量溶液的 pH 值，可以采用电极电位法进行测量。将待测溶液 pH 值的变化转变成原电池电动势的变化进行测量，从而获悉待测溶液的 pH 值。

电极电位测定法的基本原理是在被测溶液中插入两个不同的电极，其中一个电极的电位是已知的且恒定，称为参比电极；另一个电极的电位随被测溶液离子浓度的变化而变化，称为工作电极或测量电极。这两个电极形成一个原电池，如图 6-7 所示，测得两电极间的电位差就可知道待测溶液的 pH 值。

6.3.1.2　pH 计的组成及工作原理

工业 pH 计根据电极电位法测定溶液的 pH 值。工业 pH 计主要由发送器和检测线路组成，如图 6-8 所示。其中发送器内装有甘汞电极、玻璃电极和温度补偿铂电阻。甘汞电极

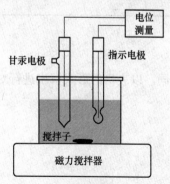

图 6-7　电位测定法原理图

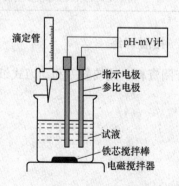

图 6-8　pH 计组成示意图

和玻璃电极同时插在被测溶液时，就构成了一个简单的 pH 发送器。其实质是一个原电池。

6.3.2　电极的结构

6.3.2.1　参比电极

工业上常用甘汞电极和银-氯化银电极作为参比电极。

（1）甘汞电极。甘汞电极由内外两根玻璃管组成，如图 6-9 所示。内玻璃管装汞，汞的下面装有甘汞，内管的下部纤维棉堵住，电极引线插入内玻璃管中；在内外玻璃管之间充有饱和 KCl 溶液作为盐桥，当甘汞电极插入待测时，KCl 溶液可通过外管下端的多孔陶瓷芯渗透到待测溶液中，从而构成导电通路。

（2）银-氯化银电极。银丝镀上一层 AgCl 沉淀，浸在一定浓度的 KCl 溶液中即构成了银-氯化银电极，如图 6-10 所示。

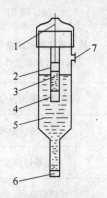

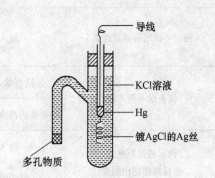

图 6-9　甘汞电极　　　　　　　　图 6-10　银-氯化银电极

1—电极引线；2—汞；3—甘汞；4—棉花；
5—盐桥溶液（KCl）；6—多孔陶瓷；7—注入口

6.3.2.2　工作电极

工业上常用的 pH 计工作电极是玻璃电极和锑电极，玻璃电极的结构如图 6-11 所示。它由银-氯化银构成的内参比电极和阳离子响应性的敏感玻璃膜球泡做成的外电极组成。锑电极是金属电极，牢固、结构简单、内阻低、反应灵敏，可在恶劣条件下工作。

6.3.2.3　测量线路

测量线路接受发送器输出的电位差，并进行转换放大等处理后输出标准的电流信号供显示、控制所用。对测量线路的要求如下：（1）要有高的输入阻抗。（2）要能进行不对称电位和温度补偿。（3）有消除各种干扰信号的措施以及能克服信号多级放大带来的"零点漂移"。

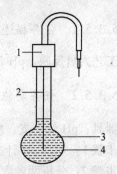

图 6-11　玻璃电极

1—电极帽；2—内参比电极；
3—内部溶液；4—玻璃膜球泡

6.3.3　仪表的安装和调校

仪表安装时必须特别小心，以免碰坏玻璃。安装发送器时，去掉甘汞电极的橡皮套，盐桥调节螺丝和玻璃电极球泡要全部浸入待测溶液中。排除甘汞电极通路中的气泡，调整 KCl 溶液的渗出率。拧紧温度补偿电极、玻璃电极、甘汞电极。高阻转换器安装在发送器附近，一般不超过 40m。发送器与高阻转换器之间必须用同轴屏蔽电缆连接。安装完毕后可进行调校。

6.3.4　pH 计常见故障及处理方法

pH 计常见故障及处理方法，见表 6-2。

表 6-2　pH 计常见故障及处理方法

故 障 现 象	可 能 原 因	处 理 方 法
指示不稳定有抖动现象	输入电阻降低	检查发送器接线盒内是否漏水；高阻转换器工作是否正常
仪表指示值不准	发送器输入部分接触不良	找出具体部位保证接触良好
	电极被沾污或接地不良、不正确	清洗电极
指示超过刻度或缓慢漂移超出刻度	输入部分断路	找出断路，重新接好
	甘汞电极对地短路	找到短路点，加强绝缘
"定位"调节电位器调不到零位	高阻转换器元件损坏	检修高阻转换器元件
pH7～pH14 挡工作不正常	高阻转换器元件损坏	检修高阻转换器元件

6.3.5　工作任务

6.3.5.1　任务描述

工艺人员反映，pH 计测量数据不准，现需要分析其故障原因并将其校准。

6.3.5.2　任务实施

器具：pH 计一支、校验仪一台、刷子一把、敞口玻璃瓶一个。

步骤 1：观察 pH 计二次仪表上的显示值并与化验室的测量结果对比，找出差异。

步骤 2：分析两者数值不一样的可能原因：（1）仪表信号问题；（2）仪表探头沾污垢。

步骤 3：断电，拆卸 pH 计，观察探头是否沾污垢，是则清洗探头，然后观察二次仪表的数值与化验室数值进行对比。

步骤 4：探头干净无污垢，则用校验仪测量 pH 计的输出信号，进行标定和校验，直至测量值准确。如果发现仪表损坏，则需更换新仪表。

6.3.6　拓展训练

pH 值与溶液中的氢离子的浓度及溶液酸、碱度的关系如何？

模块 7　显示仪表的应用

学习情境描述

　　工艺参数的显示是工业生产过程中不可缺少的一个重要环节。测量生产过程中各个工艺参数的目的，是要让操作人员及时了解生产过程的进行情况，更好地对生产过程进行控制和管理。显示仪表是及时反映被测参数的连续变化情况，实现相关信息传递的工具。显示仪表通常以指针、字符、数字、图像等方式显示被测参数的测量值。

　　显示仪表直接接受检测元件及变送器或传感器的输出信号，连续地显示、记录生产过程各个被测参数的变化情况。按显示方式不同，显示仪表分为模拟式、数字式和图像式几种。

　　本学习情境主要完成三个学习性工作任务：

　　(1) 模拟式显示仪表的应用。

　　(2) 数字式显示仪表的应用。

　　(3) 智能仪表的应用。

任务 7.1　模拟式显示仪表的应用

学习目标： 了解模拟式显示仪表的分类及测温原理。

能力目标： 能根据检测需要组成完整的测量系统。

7.1.1　知识准备

7.1.1.1　显示仪表的作用

　　显示仪表是接收检测仪表的输出信号显示被测值的仪表。一般是把温度、压力、流量、物位和机械量等传感器送来的检测量用指针或数字指示出来，如图 7-1 ~ 图 7-3 所示。显示仪表分为模拟式指示仪表和数字式显示仪表。模拟式指示仪表的指示部件一般称为指

图 7-1　电位差计

图 7-2　直流单臂电桥

图 7-3　动圈表

示器，数字式显示仪表的显示部件称为显示器，用于计算机人机对话系统的显示装置一般也称为显示器。

7.1.1.2 模拟式显示仪表

模拟式显示仪表以指针或记录笔的位移来模拟指示被测参数的大小及变化。这类仪表一般使用机械传动机构、磁电偏转机构或电机式伺服机构，因此，反应速度较慢，难以避免来回变差，容易造成读数多值性。但模拟式显示仪表一般具有结构简单可靠，价格低廉的优点，其突出的特点是可以直观地反映测量值的变化趋势，便于操作人员一目了然地了解被测量的总体情况；因此即使在数字化和微机化仪表技术快速发展的今天，模拟式显示仪表仍然在许多场合得到广泛应用。过去模拟式显示仪表以指针的转角、记录笔的位移等来显示或记录被测值，20 世纪 70 年代以来，新型的发光器件不断出现，正在逐渐取代传统的指针指示仪表。如高辉度的高分辨力的等离子指示调节仪、彩色液晶显示指示仪和发光二极管偏差指示仪等。

模拟式显示仪表一般分为动圈式显示仪表和自动平衡式显示仪表两大类。常见的模拟式显示仪表主要有磁翻板式、指针式和光柱式三种显示方式，如图 7-4 所示。由于纯光柱式显示仪表较少，一般见得比较多的是光柱与数字显示一体的仪表。

A 动圈式显示仪表

动圈表实际上是一种测量电流的仪表。图 7-5 是动圈仪表结构原理图。动圈表测量机构的核心是磁电式毫伏计，仪表指针的偏转角度与通过动圈的电流大小成正比。动圈式显示仪表可以与热电偶、热电阻、

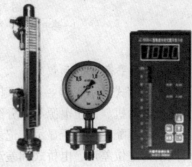

图 7-4 常见的模拟显示仪表

压力变送器、差压变送器及流量变送器等相配合，用来指示工业对象的温度、压力和流量等参数，也可以对直流毫伏信号进行显示。

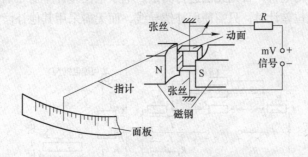

图 7-5 动圈仪表结构原理图

动圈表与热电偶组成的测温电路原理图，如图 7-6 所示。实际测温中，由于热电偶所处的测点离动圈表较远，补偿导线和连接导线的电阻值，对测量回路中的电流往往不能忽视，为此设置了外线路调整电阻 3，目的是确保回路中外线电阻为 15Ω；R_D 表示动圈的电阻值；为了补偿环境温度对 R_D 的影响，线路中串联了 $R_T /\!/ R_B$，确保环境温度在 20 ~ 50℃ 的范围内，$R_T /\!/ R_B$ 与 R_D 之和为恒定值；$R_T /\!/ R_B$ 中，R_T 是一个负温度系数的热敏电阻，

R_B 是一个锰铜电阻，起修正 R_T 与温度之间数值关系的作用；$R_{串}$ 为量程电阻，用电阻温度系数很小的锰铜丝绕制，其阻值视量程大小而定，一般在 $200 \sim 1000\Omega$ 之间；$R_{并}$ 为阻尼电阻，主要用于克服大量程时，仪表阻尼特性变差。

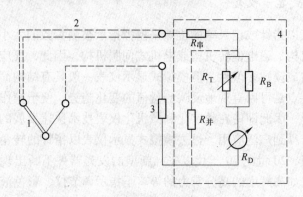

图 7-6　动圈式仪表的测量线路

1—热电偶；2—补偿导线和连接导线；3—外线路调整电阻；
4—动圈仪表内部电路

B　自动平衡式显示仪表

自动平衡式显示仪表一般由测量线路、放大器、可逆电机、指示记录机构、传动结构、同步电动机、稳压电源等部分组成，主要用于电势和电阻信号的测量，与其他各种传感器或变送器配套，用于显示、记录各种参数。自动平衡式显示仪表种类较多，按平衡原理可归纳为电位差计、电桥式和差动变压器式三大类。

（1）电子电位差计。电子电位差计是用来测量毫伏级电压信号的显示记录仪表，可以测量其他能转换成电压信号的各种工艺参数。电子电位差计根据电压平衡原理工作，如图 7-7 所示。将待测电势与已知标准电势相比较，当两者差值为零时，被测电势就等于已知的标准电势。其工作原理相当于用天平称物体的重量。电子电位差计的标准电势由测量桥路产生，测量桥路必须为不平衡电桥，否则无法进行测量。电子电位差计本身带有冷端补偿电阻，所以热电偶配用电子电位差计时，只需使用补偿导线，而无需采用其他补偿方式。

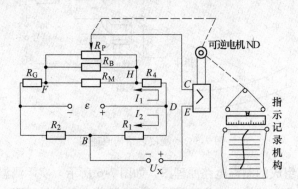

图 7-7　电子电位差计工作原理

（2）电子平衡电桥。电子平衡电桥通常与热电阻温度计配接显示被测温度值，根据电桥平衡原理工作，其原理如图 7-8 所示。测量桥路为平衡电桥。当温度变化时，对应的热电阻阻值发生变化,原有电桥失去平衡,通过自动调整,可使电桥重新处于平衡状态,利用平衡电桥测出热电阻的变化,就能测出待测温度。电子平衡电桥与热电阻也采用三线制连接,在使用时其分度号应与所用热电阻的分度号相一致。

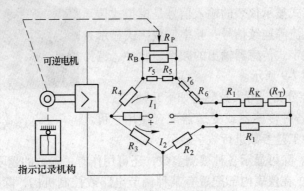

图 7-8 电子平衡电桥工作原理

7.1.2 工作任务

7.1.2.1 任务描述

(1)认识动圈仪表的铭牌。
(2)拆解一只动圈仪表,观察结构,复装。
(3)探究动圈仪表工作原理。
(4)将动圈仪表与配套传感器组合起来构成测量系统。

7.1.2.2 任务实施

器具:配热电偶、热电阻温度计的动圈仪表各1只,外接调整电阻若干、补偿导线若干米、保温桶1只,工具1套。
步骤1:观察铭牌,熟悉命名规则。
步骤2:拆解动圈仪表,观察结构组成。
步骤3:认识动圈仪表工作原理。
步骤4:热电偶配动圈仪表组成测温系统。
步骤5:热电阻配动圈仪表组成测温系统。

任务7.2 数字式显示仪表的应用

学习目标:了解数显仪表的组成及功能
能力目标:能将检测元件与数显表组合成测量系统。

7.2.1 知识准备

7.2.1.1 概述

数字式显示仪表是一种以十进制数码形式显示被测量值的仪表,可与各种传感器、变送器配套，具有速度快、精度高、功能全、抗干扰能力强等优点。它可按以下方法分类。

（1）按仪表结构分类。可分为带微处理器和不带微处理器的两大类型。

（2）按输入信号形式分类。可分为电压型和频率型两类。电压型数字式显示仪表的输入信号是模拟式传感器输出的电压、电流等连续信号；频率型数字式显示仪表的输入信号是数字式传感器输出的频率、脉冲、编码等离散信号，如图 7-9 所示。

图 7-9　数字式显示仪表

（3）按仪表功能分类。可大致分为如下几种：

1）显示型。与各种传感器或变送器配合使用，可对工业过程中的各种工艺参数进行数字显示。

2）显示报警型。除可显示各种被测参数，还可用作有关参数的越限报警。

3）显示调节型。在仪表内部配置有某种调节电路或控制机构，除具有测量、显示功能外，还可按照一定的规律将工艺参数控制在规定范围内。常用的调节规律有：继电器节点输出的两位调节、三位调节、时间比例调节、连续 PID 调节等。

4）巡回检测型。可定时地对各路信号进行巡回检测和显示。

7.2.1.2　数字式显示仪表的构成

数字式显示仪表的基本构成方式，如图 7-10 所示。一台数字式显示仪表应具有模-数（A/D）转换、非线性补偿和标度变换三大基本部分。图中各基本单元可以根据需要进行组合，以构成不同用途的数字式显示仪表。将其中的一个或几个电路制成专用功能模块电路，若干个模块组装起来，即可制成一台完整的数字式显示仪表。

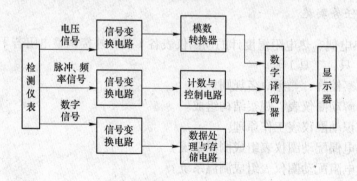

图 7-10　数字显示仪表原理框图

A　模-数（A/D）转换器

模-数（A/D）转换器是数字式显示仪表的核心部件，它的作用是将连续变化的模拟量转换成离散的数字量，以便进行数字显示。常见的模-数（A/D）转换器有双积分型、逐次比较型。

其中，双积分型 A/D 转换器的工作原理是将一段时间内输入的电模拟量通过两次积分，变换成与其平均值成正比的时间间隔，然后由脉冲发生器和计数器来测量此时间间隔而得到数字量。

逐次比较型 A/D 转换器是基于电位差计的电压比较原理，用一个标准的可调电压与被测电压进行逐次比较，不断逼近，最后达到一致。当两者一致时，已知标准电压的大小，就表示了被测电压的大小，再将这个和被测电压相平衡的标准电压以二进制形式输出，就实现了 A/D 转换。

B　非线性补偿

非线性补偿是为了使仪表显示的数字与被测成对应的比例关系，而采取的各种补偿措施。非线性补偿可以在 A/D 转换之前、之后进行，也可以在转换同时进行。目前常用的方法有模拟式非线性补偿、非线性 A/D 转换补偿法、数字式非线性补偿法。

C　标度变换

标度变换的实质就是量程变换，过程变量要直接以工程单位进行显示，需要进行标度变换。例如，一台显示仪表要显示压力、流量、液位、温度等这些变量，必须进行标度变换。测量值与工程值之间往往存在一定的比例关系，测量值乘以一个系数，转换为数字式仪表能直接显示的工程值。

7.2.1.3　数字式显示仪表的特点

(1) 读数清晰、直观、方便、准确。
(2) 结构紧凑、灵敏度高、测量精度高。
(3) 测量的速度快。
(4) 便于计算机连接。

由于数字式显示仪表机械结构简单、速度快、精度高、读数直观、体积小、耗电低、抗干扰能力强，在工业现场得到广泛的应用。

7.2.2　工作任务

7.2.2.1　任务描述

(1) 热电偶配数显表测温系统。
(2) 热电阻配数显表测温系统。

7.2.2.2　任务实施

器具：热电偶 1 只、分度号与热电偶相同的 XMZ-101 型数显表 1 只；热电阻 1 只、分度号与热电阻相同的 XMT-102 型数显表 1 只；导线、补偿导线若干。

步骤 1：选择热电偶和配套数显表，注意观察铭牌分度号应一致。
步骤 2：打开热电偶接线盒盖，将热电偶与补偿导线连接起来。
步骤 3：将补偿导线与接线端子连接起来，注意极性。
步骤 4：外接 220V 交流电流。
步骤 5：将热电偶插入保温桶中，观察数字显示情况。
步骤 6：选择热电阻和配套数显表，注意观察铭牌分度号应一致。
步骤 7：打开热电阻接线盒盖，将热电阻用 3 根导线连接至数显表。
步骤 8：外接 220V 交流电源。
步骤 9：将热电阻插入保温桶中，观察数字显示情况。

任务 7.3　智能仪表的应用

学习目标：了解智能仪表的组成和特点。
能力目标：会使用智能仪表。

7.3.1　知识准备

7.3.1.1　智能仪表的概念

随着微电子技术的不断发展，集成了 CPU、存储器、定时器/计数器、并行和串行接口、看门狗、前置放大器甚至 A/D、D/A 转换器等电路在一块芯片上的超大规模集成芯片（即单片机）出现了。以单片机为主体，将计算机技术与测量控制技术结合在一起，又组成了所谓的"智能化测量控制系统"，也就是智能仪表。因此，智能仪表是计算机技术与测量仪表相结合的产物，是含有微计算机或微处理器的测量仪表。由于它拥有对数据的存储、运算、逻辑判断及自动化操作等功能，具有一定的智能作用（表现为智能的延伸或加强等），因而被称之为智能仪表或仪器。尽管智能仪表的类型结构略有差异，但外形结构、基本组成和操作大致相似，如图 7-11 所示。

图 7-11　智能仪表

7.3.1.2　智能仪表的技术规格

智能仪表主要有以下几个技术指标：

（1）输入信号类型。

电压：0~20mV……0~1V 等。

电流：0~10mA、4~20mA、0~20mA 等。

电阻：0~80Ω、0~400Ω 等。

热电阻：Pt100、Cu50 等。

热电偶：K、S、Wr、E、J、T、B、N 等。

（2）测量范围：-1999 ~ +1999。

（3）测量精度：0.5 级或 0.2 级。

（4）电源：开关电源90～260V AC（50Hz/60Hz），24V DC±2V，功耗≤10W。

（5）重量：≤1000g。

（6）使用环境：环境温度0～50℃，相对湿度≤85%，避免腐蚀气体。

7.3.1.3 智能仪表的操作

在智能仪表的面板上，通常有显示窗口和上、下限报警指示灯（AL1、AL2），还有常用的四个操作按键，参数设置键（SET键）、数据移位键（◀键）、数据增加键（▲键）、数据减少键（▼键）。智能数字显示控制仪表通常有三种工作状态，分别是显示、下限报警和上下限报警。

A　显示操作

当仪表参数设置正确、输入信号类型正确，并且按照使用说明书上的接线图接线无误后，只要上电，仪表就会自检，然后进入测量值显示状态。测量值在PV窗口显示出来，如图7-12（a）所示。当输入超量程或错误时，仪表就会显示错误提示符如"orAL"，如图7-12（b）所示。

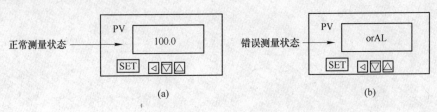

图7-12　显示操作

B　参数设置

如需对参数进行设置，首先要取得修改权限，然后再按要求对参数进行相应的设置。通常通过面板的按键按照使用说明书，可以对参数进行设置。智能仪表可设置的参数通常有参数锁、上下限报警值、输入规格、测量范围的上下限值、回差、小数点位置、数字滤波和平移修正等。不同厂家不同类型的智能仪表，操作步骤可以有些不同，具体需参照相应的仪表说明书。

C　下限报警操作

当被测信号的值低于设定的下限值时，面板上对应的下限报警灯AL2发光；同时仪表内的下限报警继电器AL2动作，继电器的触点对外输出开关信号。下限报警的设置操作参照仪表使用说明书。

D　上下限报警操作

上限报警是在下限报警的基础上增加的功能。同样，当被测信号的值高于设定的上限值时，面板上对应的上限报警灯AL1发光；同时仪表内的上限报警继电器AL1动作，继电器的触点对外输出开关信号。具体操作参见产品使用说明书。

7.3.2 工作任务

7.3.2.1 任务描述

（1）剖析智能仪表的结构和功能。

（2）使用智能仪表检测。

7.3.2.2　任务实施

步骤 1：认识智能仪表的组成。

步骤 2：了解智能仪表的功能。

步骤 3：智能仪表的安装与接线。根据传感器、变送器的不同，仿照智能仪表说明书的接线图接线。

步骤 4：使用智能仪表显示。

模块8 控制器的应用

学习情境描述

在工业生产中，自动控制系统是用于维持生产过程正常运行的，而控制器是构成自动控制系统的核心仪表。数字式 PID（比例积分微分）控制是历史悠久、生命力强的基本控制方式。直到现在，PID 控制系统由于具有构建容易、简洁适用、价格低廉、技术成熟、运行稳定等特点，仍然得到了最广泛的应用。

学习目标： (1) 了解控制器的基本原理、作用及种类。

(2) 熟悉三种常规控制规律的特点及参数调整对系统控制质量的影响。

(3) 了解基型控制器、智能控制器的基本原理，掌握智能控制器的参数设置方法。

(4) 掌握 PLC 的基本组成、种类及工作过程。

能力目标： (1) 能看懂控制器的说明书。

(2) 会安装和设置控制器的参数。

(3) 能根据要求选择合适的控制装置。

8.1 知识准备

控制器在控制系统中，接受来自变送器的测量值，与设定值进行比较，将比较后的偏差信号进行比例、积分、微分，即 PID 运算，并输出统一标准信号去控制执行器的动作，实现对生产过程中温度、压力、流量、液位等工艺变量的控制。

控制器的种类较多，常见的有三种，基型控制器、智能控制器和可编程控制器（PLC），如图 8-1 所示。

(a)　　　　　　　　(b)　　　　　　　　(c)

图 8-1　几种常见的控制器

(a) DDZ-Ⅲ型控制器；(b) 智能控制器；(c) 可编程控制器

控制器的特性是指控制器的输出随输入的变化规律。调节规律是控制器的输出信号与输入信号的关系。常规控制规律有比例（P）、积分（I）、微分（D）三种基本规律。常用的控制器有比例控制器（P）、比例积分控制器（PI）和比例积分微分控制器（PID）三种。

8.1.1　比例控制规律及其特点

比例控制规律是指控制器的输出和输入的偏差信号成比例关系。

$$P_p(t) = K_p e(t) + p_s$$

式中　$P_p(t)$——控制器的输出信号；

$\quad\quad K_p$——控制器的比例系数；

$\quad\quad e(t)$——控制器的输入信号；

$\quad\quad p_s$——控制器在 $e = 0$ 时的输出信号。

K_p 反映比例作用的强弱，K_p 越大，比例作用越强，即在一定的输入偏差 e 下，控制器输出的变化越大，控制作用越强。反之亦然。但工程上习惯用 K_p 的倒数——比例度来表示比例作用的强弱，即

$$\delta = \frac{1}{K_p} \times 100\%$$

由此可见，δ 越小，比例作用越强，反之，比例作用越弱。

比例作用的优点是控制及时，但有余差产生。例如，如果单纯用比例控制规律控制锅炉的汽包的液位，当负荷发生改变，阀门开大或关小后，很难再使液位保持在原先设定的数值上。

8.1.2　积分控制规律及其特点

比例控制有其优点也有缺点，针对比例控制规律有余差产生这种情况，采用积分控制能很好地解决这个问题。即控制器的输出变化速度与偏差成正比，用公式表示为

$$\Delta y = \frac{K}{T_1} \int_0^t e \mathrm{d}t$$

式中　K——比例放大系数；

$\quad\quad T_1$——积分时间。

由公式可以看出，积分作用的输出随时间不断变化而变化，只要有偏差存在，积分作用就会存在，直到偏差消失，控制器的输出才稳定下来，这就是积分作用能消除余差的原因，也是积分作用的特点。由公式也可以看出，积分作用输出的快慢与积分时间成反比，与输入的偏差信号 e 的大小成正比。

积分作用虽然能够消除余差，但由于积分输出随时间积累而不断增大，使得控制动作缓慢，容易造成控制不及时，降低系统的稳定性。所以在实际运用中，积分作用不单独使用，与比例作用组合起来，构成比例积分控制器。这种控制器具有控制及时又能消除余差的特点。

8.1.3 微分控制规律及其特点

微分控制作用主要是用来克服被调对象的滞后。在控制过程中，有时偏差出现时，它的数值已经很大，用比例控制或比例积分控制往往难以达到好的调节效果。这个时候就需要运用另外一种控制规律去解决这个问题。而微分控制规律就能很好地解决这个问题。它具有超前作用，能根据偏差的变化速度（趋势），提前克服干扰的影响，增加系统的稳定性。缺点是不能消除余差，跟积分作用一样，不单独使用。微分控制规律用公式表示为

$$\Delta y = T_D \frac{de}{dt}$$

式中 T_D——微分时间。

8.1.4 比例积分微分控制规律及其特点

比例积分微分控制规律由比例作用、积分作用、微分作用三者叠加而成，因而具有三者的特点。控制及时、能消除余差且可以克服系统的滞后性，在工程上大量使用。

8.1.5 DDZ-Ⅲ型控制器

DDZ-Ⅲ型控制器属于模拟控制器的一种，比较常见。其基本结构包括比较环节、反馈环节和放大环节。DDZ-Ⅲ型控制器接受来自变送器的 1～5V 直流测量信号作为输入信号，与设定的 1～5V 的直流信号进行比较得到偏差信号，经过 PID 运算后，输出 4～20mA 或 1～5V 的直流控制信号，用来控制生产过程中的工艺变量。DDZ-Ⅲ型控制器外形图以及控制器框图如图 8-2 和图 8-3 所示。

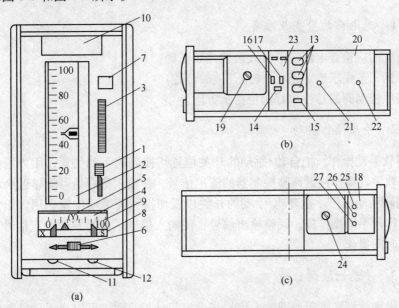

图 8-2　DTC-3110 型刻度控制器外形图

（a）正面；（b）右侧面；（c）左侧面

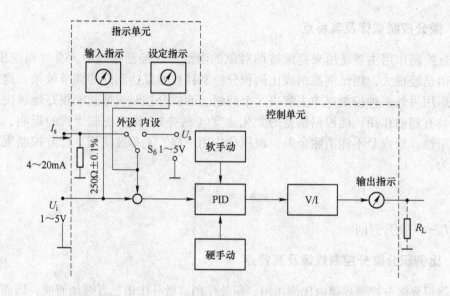

图 8-3　基型控制器框图

DDZ-Ⅲ型控制器能够实现以下几种功能。

（1）控制器可分别工作于四种状态，自动、保持、软手动、硬手动。

（2）可实现内、外给定的切换。

（3）可实现比例 P、比例积分 PI、比例微分 PD、比例积分微分 PID 的控制功能。

（4）可实现正反作用的切换。

8.1.6　DDZ-Ⅲ型控制器的使用

8.1.6.1　通电前的检查及准备

（1）通电前应检查电源端子接线极性是否正确。

（2）根据工艺要求确定正/反作用开关的位置。

（3）按照控制阀的特性放好阀位指示方向。

8.1.6.2　手动操作启动

（1）用软手动操作。把自动/手动的开关位置切换到软手动位置，用内给定轮调整给定信号，用软手动操作按键调整控制器的输出信号，使输入信号尽可能靠近给定信号。

（2）用硬手动操作。把自动/手动的开关位置切换到硬手动位置，用内给定轮调整给定信号，操作硬手动操作杆，调整输出信号，使输入信号尽可能靠近给定信号。硬手动操作适合于长时间操作。

8.1.6.3　手动切换到自动

当手动操作达到平衡后，即输入信号与设定信号相一致，可以从手动状态切换到自动状态，但需确定 P、I、D 三个参数。若不知 PID 参数值，应使仪表处于比例度最大、积分时间最大、微分断的状态。然后把切换开关由手动切换到自动。

8.1.6.4 自动控制

控制器切换到自动控制状态后，需要整定 PID 参数。若已知 PID 参数，则可以直接调整 PID 刻度盘到需要的数值。若不知道 PID 参数值，需要确定 PID 参数。

8.1.6.5 由自动切换到手动

（1）可以由自动切换到软手动。

（2）自动切换到硬手动，必须调整硬手动操作杆使之与自动输出相重合，然后切换到硬手动。

8.1.6.6 内给定和外给定的切换

（1）由内给定切换到外给定。先将自动/手动的开关位置切换到软手动位置，然后由内给定切换到外给定，调整外给定信号使其和切换前的内给定指示相等，最后把自动/手动的开关位置切换到自动位置。

（2）由外给定切换到内给定。将自动/手动的开关位置切换到软手动位置，然后由外给定切换到内给定，调整内给定值与外给定值相等，最后把自动/手动的开关位置切换到自动位置。

8.1.7 智能控制器

智能控制器由中央处理器 CPU、只读存储器 ROM、随机存储器 RAM、输入通道、输出模块、显示、键盘、报警输出、通信模块等组成。它综合了计算机技术、数字技术、虚拟技术，保留了模拟仪表的优点，又具有微机的各种运算、处理功能，是一种功能强大、操作方便、系统组态灵活、可靠性高而价格较为低廉的新型过程控制仪表。

8.1.8 可编程控制器

可编程控制器，也称 PC（Programmable Controller），是一种以微处理机为核心的重要的过程控制装置。1969 年首先在美国使用，目的是取代生产线上的继电控制系统，建立柔性程控系统。早期的 PLC 用于开关量控制，具有逻辑、计时、计数等顺序控制功能，也有人称之为"智能继电器"或可编程逻辑控制器 PLC（programmable logic controller）。

随着计算机技术、通信技术、微电子技术及数字控制技术的飞速发展，20 世纪 80 年代末，PLC 技术已经很成熟，不局限在开关量逻辑控制，扩展到计算机数字控制（CNC）等领域。到 20 世纪 90 年代中后期，PLC 有了更进一步的发展，处理速度、通信能力、控制功能等方面均有新的突破，性价比不断提升，并成为工业自动化的支柱之一。

PLC 由中央处理器 CPU、存储器、电源、I/O 接口等部分组成，如图 8-4 所示。从广义上讲，PLC 也是一种计算机系统，只不过它比普通的计算机有更强的与工业过程相连的接口和保护措施，具有更适用于控制要求的编程语言。

PLC 具有体积小、重量轻、能耗低、可靠性高，抗干扰能力强、功能完善、维护方便、容易改造，易学易用等特点。目前，PLC 广泛应用在化工、石油、钢铁、冶炼、电力、机械制造、汽车和交通运输等各个行业。

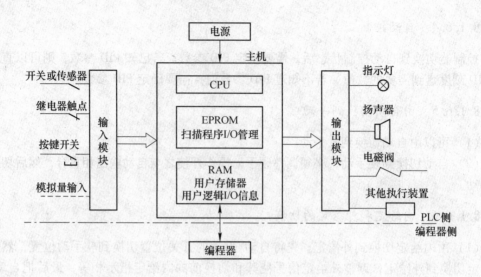

图 8-4　PLC 组成框图

生产 PLC 的厂家众多，比较有名的品牌是西门子、三菱（见图 8-5）、施耐德。PLC 的产品种类繁多，规格和性能也各不相同。对 PLC 分类一般按结构形式或 I/O 点数进行划分。PLC 按结构形式可分为整体式、模块式、叠装式。小型 PLC 一般采用整体式结构，大、中、小型和部分小型 PLC 采用模块式结构。PLC 按 I/O 点数可分为小型 PLC（I/O 点数一般在 128 点以下），中型 PLC（I/O 点数一般在 256～1024 点之间），大型 PLC（I/O 点数一般在 1024 点以上）。

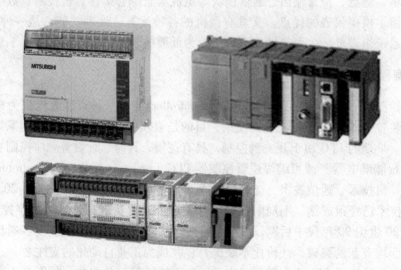

图 8-5　三菱 PLC 几种形式外形图

PLC 的工作方式与一般的计算机是不同的，扫描一个周期经历输入处理阶段、用户程序扫描处理、输出刷新三个阶段。它对 I/O 状态和用户程序做周期性的循环扫描、解释并加以执行。PLC 重复地执行上述三个阶段的工作，每循环一次即构成一个工作周期。

8.1.9 FX$_{2N}$系列 PLC 的硬件认识

（1）FX$_{2N}$系列 PLC 的外部图。FX$_{2N}$系列 PLC 的 I/O 端子编号如图 8-6 所示。采用继电器输出，输出侧左端 4 个点公用一个 COM 端，右边多输出点公用一个 COM 端。输出的 COM 比输入端要多，主要考虑负载电源种类较多，而输入电源的类型相对较少。

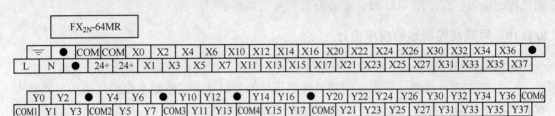

图 8-6 FX$_{2N}$-64MR 接线端子图

对于晶体管输出其公用端子更多。如图 8-7 所示为 FX$_{2N}$-16MT 的输出端子。

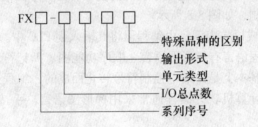

图 8-7 FX$_{2N}$-16MT 输出端子

（2）FX 系列 PLC 型号的含义在 PLC 的正面，一般都有表示该 PLC 型号的符号，通过阅读该符号即可以获得该 PLC 的基本信息。FX 系列 PLC 的型号命名基本格式如下：

$$FX\square-\square\square\square\square$$

特殊品种的区别
输出形式
单元类型
I/O 总点数
系列序号

1）系列序号：O、OS、ON、2、2C、1S、2N、2NC。

2）I/O 总点数：10～256。

3）单元类型：M—基本单元；E—输入输出混合扩展单元及扩展模块；EX—输入专用扩展模块；EY—输出专用扩展模块。

4）输出形式：R—继电器输出；T—晶体管输出；S—晶闸管输出。

例如：FX$_{2N}$-48MRD 含义为 FX$_{2N}$系列，输入输出总点数为 48 点，继电器输出，DC 电源，DC 输入的基本单元。又如 FX-4EYSH 的含义为 FX 系列，输入点数为 0 点，输出 4 点，晶闸管输出，大电流输出扩展模块。

（3）软元件（内部继电器）：

1）软元件简称元件。PLC 内部存储器的每一个存储单元均称为元件，各个元件与 PLC 的监控程序、用户的应用程序合作，会产生或模拟出不同的功能。当元件产生的是继电器功能时，称这类元件为软继电器，简称继电器，它不是物理意义上的实物器件，而是一定的存储单元与程序的结合产物。

软继电器的种类有：输入继电器（X）、输出继电器（Y）、内部辅助继电器（Y）、内部状态继电器（S）、内部定时器、内部计数器、数据寄存器（D）和内部指针（P、I）。

2）元件的数量及类别是由 PLC 监控程序规定的，它的规模决定着 PLC 整体功能及数据处理的能力。在使用 PLC 时，主要查看相关的操作手册。

8.1.10　可编程控制器的程序设计

对可编程控制器系统，要根据控制要求设计程序。其编程过程大致分四步进行。

（1）确定 I/O 点数。首先要明确系统对现场的控制要求和控制系统的组成，分清输入设备和输出设备的种类和数量，即 PLC 所需的总的 I/O 点数。

（2）分配 I/O 地址。可编程控制器的内存单元采用通道的概念，每个通道由 16 个二进制数位组成，每位就是一个继电器。位地址由存储器标识符、通道地址和位码共同组成。对输入、输出信号和中间信号地址位的分配，称为继电器（位）的 I/O 分配。其分配原则如下：

1）根据信号发生的时序来分配地址，以便于检查。

2）尽可能把一个系统、设备或部件的信号集中编址，以利于维护。

3）定时器、计数器要统一编号，不可重复使用同一编号，以确保工作顺序的可靠性。

4）程序中大量使用的内部继电器称作工作位（不是 I/O 位），工作位也要统一编号，进行工作位分配。

5）地址分配完成后，列出 I/O 位分配表和工作位分配表。

（3）绘制梯形图。绘制梯形图是程序设计的主体，由梯形图语言可直观地表达程序设计的思想，实现程序编制，如图 8-8 所示。

（4）把梯形图转换成语句表后，由编程器将其输入到 PLC 中。

PLC 较为常用的编程语言有梯形图语言、顺序功能图、助记符语言、功能块图和某些高级语言。梯形图语言基本上是由继电控制符号转化而成的，编程过程与绘制逻辑控制电路图的过程极为相似，计算机软件编程通常采用梯形图语言。手持编程器多采用助记符，如图 8-9 所示。

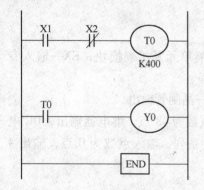

图8-8　三菱 PLC 梯形图

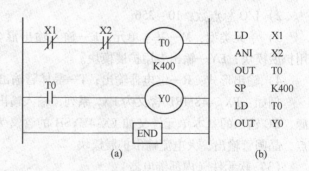

图8-9　PLC 梯形图与助记符语言

(a) 梯形图；(b) 指令表

8.2 工 作 任 务

8.2.1 任务描述

用电阻箱模拟热电阻 Cu50 的信号，在型号为 XMPZ 的智能 PID 调节仪上显示常温 28℃，当温度超过 50℃时，发出声光报警信号。

8.2.2 任务实施

器具：电阻箱一台、型号为 XMPZ 的智能 PID 调节仪一个、万用表一只、插头一只、插座一个、声光报警器一个、导线若干。

步骤 1：仔细阅读智能 PID 调节仪说明书，按图接线，输入端与电阻箱连接，报警输出信号与声光报警器连接。

步骤 2：检查接线是否正确、牢固。给 PID 调节仪外接 220V 的交流电源。多按几次 SET 键和 A/M 键直到出现 SEL，将 555 改成 655。

步骤 3：进行参数设置。设置输入信号选择 In 对应 Cu50 的数值，干扰抑制，小数点的数字位数，上、下限报警值，上上限、下下限报警值，变送器输出信号形式等。

步骤 4：调节电阻箱的阻值，使 PID 调节仪上的数字显示为 28。继续改变电阻箱的阻值，使 PID 调节仪上的数字超过 50，这时声光报警器闪烁灯光并发出声音。

8.3 拓 展 训 练

分析调节器 P、I、D 参数的调整，对控制系统会产生什么样的影响？

模块 9　执行器的应用

学习情境描述

　　执行机构是构成自动控制系统的不可缺少的重要组成环节，人们常把它称为实现生产过程自动化的"手足"。因为它在自动控制系统中接收来自调节单元的输出信号，并将其转换成直线位移或角位移，以改变调节阀的流通面积，从而控制流入或流出被控过程的物料或能量，实现过程参数的自动控制，使生产过程按预定要求正常进行。

　　执行机构安装在生产现场，直接与介质接触，通常在高温、高压、高黏度、强腐蚀、易结晶、易燃易爆、剧毒等场合下长期工作，如果选用不当，将直接影响过程控制系统的控制质量。

学习目标：（1）了解执行器的组成和分类。

　　　　　　（2）掌握气动执行机构的气开、气关方式的选择原则。

　　　　　　（3）了解电动执行机构的动作原理与使用场合。

能力目标：（1）能对一般的电动执行机构进行零位和满位的设置。

　　　　　　（2）能对气动执行器与阀门定位器进行联体调试。

9.1　知　识　准　备

　　在自动控制系统中，执行器被比喻为自动控制系统的"手和脚"，它接受来自控制器或调节器的信号，按信号的大小改变工艺介质的流量与流速，对生产设备施加控制作用，其特性好坏对控制质量的影响很大，是自动控制系统的重要组成部分。

　　执行器按所用能源形式的不同，分为电动、气动和液动三大类。在控制过程中使用最多的是气动执行器，其次是电动执行器，较少采用液动执行器。

　　电动执行器以电源为动力，具有快速、推动力大、精度高，便于集中控制等优点，但结构复杂，价格高，维修复杂，防火防爆性能不好，如图 9-1 所示。液动执行器是利用液压原理推动执行机构，它的推力大，适用于负荷较大的场合，但其辅助设备大而笨重。

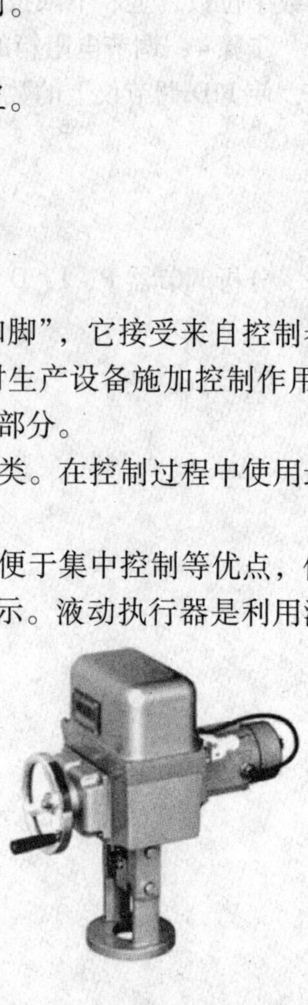

　　气动执行器由气动执行机构和控制机构两部分组成，以压缩空气为能源，具有控制性能好，结构简单，动作可靠，维修方便，防火防爆和价廉等优点，它不仅可以方便地与气动仪表配套使用，还可以通过电—气转换器或电—气阀门定位器与电动仪表配套使用。气动执行器在化工生产中得到了最广泛的应用，如图 9-2 所示。常用的气动执行器有薄膜式、活塞式和长行程式三种。气动薄膜执行机构按其作用方式分为正作用和反

图 9-1　电动执行器

作用两种形式。

气动执行器也称为气动调节阀，下面以气动执行器的典型产品——气动薄膜调节阀为例介绍其结构和工作原理。

气动薄膜调节阀外形图的结构如图 9-3 所示，上部分是气动执行机构，下部分是调节机构（阀或阀体部件）。气动薄膜调节阀的结构如图 9-4 所示，由膜片、弹簧、推杆、阀芯、阀座等部分组成。当来自控制器的控制信号进入薄膜室时，在膜片上产生一个推力，推动推杆部件向下移动并压缩弹簧，当弹簧受压产生的反作用力与推力平衡时，推杆稳定在一个新的位置，推杆的位置即为执行机构的输出。此时，阀芯与阀座之间的流通面积不再改变，流体的

图 9-2　气动执行器

流量稳定，可见，调节阀是根据信号压力的大小来改变阀芯的行程从而达到改变流量的目的。

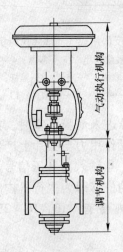

图 9-3　气动薄膜调节阀外形图

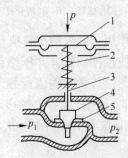

图 9-4　气动薄膜调节阀结构示意图
1—膜片；2—弹簧；3—推杆；4—阀芯；5—阀座

9.1.1　气动薄膜执行器

气动薄膜执行机构具有结构简单、动作可靠、性能稳定、维护方便、价格低廉、防火防爆等特点，在工业领域被广泛使用。气动薄膜执行机构通常接受 20～100kPa 的标准压力信号，气源压力的最大值为 500kPa。气动薄膜执行机构主要用作一般调节阀（包括蝶阀）的推动装置，分有弹簧和无弹簧两种。无弹簧的气动薄膜执行机构常用于双位式控制。有弹簧的气动薄膜执行机构按作用形式分为正作用和反作用两种，其结构如图 9-5 和图 9-6 所示。

控制气压信号从膜片上方进入，随着气压信号的增加，推杆向下动作输出直线位移的叫正作用执行机构，如图 9-5 的 ZMA 型结构；控制气压信号从膜片下方进入，当信号压力增大时，推杆向上动作的叫反作用执行机构，如图 9-6 的 ZMB 型结构。正、反作用的气动薄膜执行机构通过更换个别零件，两者便可方便地互相改装。

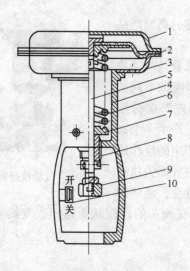

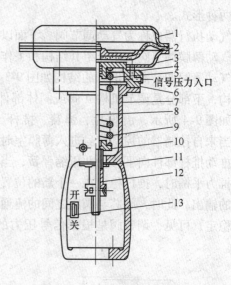

图 9-5　正作用式气动薄膜执行机构

1—上膜盖；2—波纹膜片；3—下膜盖；4—支架；

5—推杆；6—弹簧；7—弹簧座；8—调节件；

9—连接阀杆螺母；10—行程标尺

图 9-6　反作用式气动薄膜执行机构

1—上膜盖；2—波纹膜片；3—下膜盖；4—密封膜片；

5—密封环；6—填块；7—支架；8—推杆；9—弹簧；

10—弹簧座；11—衬套；12—调节件；13—行程标尺

　　对于正作用式的气动薄膜执行机构，当控制气压信号进入薄膜气室时，在膜片上产生的作用力使推杆动作，并压缩弹簧，直到弹簧产生的反作用力与膜片上产生的推力相平衡。推杆的位移量与输入薄膜气室的气压信号成比例，当输入的气压信号从 20kPa 增加到 100kPa 时，推杆由零位置移动到全行程位置。推杆的位移即为执行机构的直线输出位移，其输出位移的范围为执行机构的行程。行程规格有：10，16，25，40，60，100（mm）等。

9.1.2　调节机构

　　调节机构也称为阀，习惯上称做调节阀。调节阀是一个局部阻力可变的节流元件。调节阀的品种很多，以常用的直通双座调节阀为例来加以说明。它的结构如图 9-7 所示。它主要由阀杆、压板、填料、上下阀盖、阀体、阀芯、阀座、衬套等零部件组成。上、下阀盖都装有衬套，为阀芯移动时起导向作用，由于上下两个方向均有导向所以称为双导向；对阀芯只在一个方向有导向的称为单导向。填料起密封作用，防止介质泄漏。填料一般有石墨石棉和聚四氟乙烯两种。将填料装入填料室都必须用压板压紧，既要使阀杆能在其中上下移动，又不能让介质泄漏。

　　根据不同的使用要求（如介质温度、介质压力流量特性等），调节阀的几个主要部件的结构形式不同，如阀芯阀杆的连接方式有圆柱销钉连接和螺纹连接；

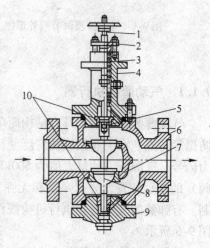

图 9-7　直通双座调节阀结构

1—阀杆；2—压板；3—填料；4—上阀盖；

5—圆柱销钉；6—阀体；7—阀座；

8—阀芯；9—阀盖；10—衬套

调节阀的上阀盖形式有普通型、散（吸）热型、长颈型等。

9.1.3 调节阀的作用形式

气动执行器有气开和气关两种作用方式。有信号压力时阀门开，无信号压力时阀门关，称为气开式；有信号压力时阀门关，无信号压力时阀门开，称为气关式。执行器气开、气关的作用方式由执行机构的作用方式和阀的作用方式共同决定。阀芯有正装和反装两种，执行机构有正作用和反作用。因此，调节阀的作用形式有四种，如图 9-8 所示。在使用中，大口径的阀门一般都用正作用形式，而用改变阀芯的安装方向来获得气开或气关特性。

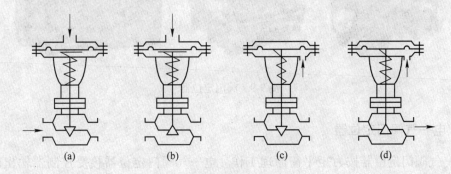

图 9-8 调节阀的作用形式示意图

执行器气开、气关的选择主要是根据气压控制信号中断时，调节阀的状态能保证人员和设备的安全。例如用来控制燃油锅炉的控制阀，一般选用气开阀，当控制信号中断，阀处于关闭状态，切断燃料的输送，避免锅炉因失控使炉温过高而造成事故；而一般的蒸汽锅炉的供水阀则应选气关阀，若控制信号突然中断，阀处于全开状态，保证供水，不至于使锅炉缺水而烧坏或引起爆炸。但是，如果锅炉本身安全问题不大，而要求供汽不能带液，这时应选气开阀。

9.1.4 调节阀的种类

根据不同的使用要求，调节阀分为直通双座调节阀、直通单座调节阀、角型调节阀、低温调节阀、高压调节阀、三通调节阀、隔膜调节阀、蝶阀、偏心旋转调节阀、球阀等品种。

9.1.5 阀门定位器

阀门定位器是气动执行机构的辅助装置，与气动执行机构配套使用，组成闭环系统。阀门定位器接受来自控制器（调节器）的控制信号，成比例地转换成气压信号输送到气动执行机构，推动阀杆产生位移，而阀杆产生的位移量通过机械装置反馈到阀门定位器，当反馈信号与输入的控制信号相平衡时，阀杆停止动作，执行器的开度与输入的控制信号相对应。从而使调节阀位置能按调节器送来的控制信号实现正确定位，如图 9-9 所示。

阀门定位器按结构不同，分为气动阀门定位器、电-气阀门定位器、智能阀门定位器三种，主要有以下作用：

（1）与气动执行机构构成反馈机构，提高了执行机构的线性度和准确度，实现准确定位。

（2）减少控制信号的传输滞后。

（3）提高调节阀精度。

（4）用一个控制信号控制两个控制阀，实现分程控制。

图 9-9　阀门定位器

9.1.6　电—气阀门定位器

电—气阀门定位器按力矩平衡原理工作。电—气阀门定位器接受控制器输出的 4 ~ 20mA 或 0 ~ 10mA 直流电流信号，用来控制气动活塞调节阀或气动薄膜调节阀。定位器起到了对阀门行程进行定位和电/气转换作用。

图 9-10 是薄膜执行机构的电—气阀门定位器的结构和原理图。气动薄膜执行机构和电—气阀门定位器配合使用。力矩马达组件是将电流变为力的转换元件，它由永久磁钢 1，导磁体 2，线圈、衔铁（主杠杆）3 和工作气隙所组成。当电流信号通入线圈时，由于电磁场和永久磁钢的相互作用，使主杠杆 3 受到一个向左的力，于是它绕支点 16 偏转，挡板 14 靠近喷嘴 15，挡板的位移经气动放大器 17 转换成压力信号 p_0 进入到气动执行机构 9 的薄膜气室，p_0 增加使阀杆向下动作，并带动反馈杆 10 绕支点 5 偏转，反馈凸轮 6 也随

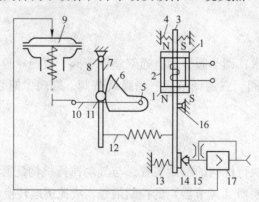

图 9-10　电—气阀定位器原理图

1—永久磁钢；2—导磁体；3—主杠杆（衔铁）；4—平衡弹簧；5—反馈凸轮支点；6—反馈凸轮；

7—副杠杆；8—副杠杆支点；9—薄膜执行器；10—反馈杆；11—滚轮；12—反馈弹簧；

13—调零弹簧；14—挡板；15—喷嘴；16—主杠杆支点；17—放大器

之逆时针偏转，通过滚轮 11 使副杠杆 7 绕支点 8 顺时针偏转，从而使反馈弹簧 12 拉伸，反馈弹簧对主杠杆 3 的拉力与电流信号 I_0 通过力矩马达作用到杠杆 3 的推力达到力矩平衡时，阀门定位器达到平衡状态。此时，阀门的开度就与输入的电流信号相对应。

9.1.7 电动执行机构

电动执行器是生产过程控制系统中常见的仪表之一。它的作用是接受控制器（调节器）送来的控制信号（4 ~ 20mA DC 或 0 ~ 10mA DC）转换成力或力矩，输出直线位移或角位移，去带动阀门或挡板等动作，实现控制生产过程的目的。

电动执行器由执行机构和调节机构（阀）两部分组成，执行机构一般以 220V AC 为动力来工作，开启或关闭调节阀。电动执行器根据不同的使用要求有不同的类型和结构。最简单的电动执行器是电磁阀，其余用的是伺服电动机。电动执行机构根据输出形式的不同，主要有直行程电动执行机构、角行程电动执行机构和多转式电动执行机构。它们在组成和电气原理方面基本是相同的。电动执行机构使用灵活方便，可以根据生产需要来选择合适的电动执行机构。

9.2 工 作 任 务

9.2.1 任务描述

对 SKZ 型电动执行器进行零位和满位设置。

9.2.2 任务实施

器具：SKZ 型电动执行器一台、校验仪一台、工具一套。

步骤 1：开启电源后，按切换键切换到手动状态，继续按切换键进入参数设定状态。

步骤 2：设定阀位下限位（阀位零位）。按减量键使阀位下降到最低，按确认键确认。

步骤 3：设定阀位上限位（阀位满位）。按增量键使阀位上升到最高点，按确认键确认。

步骤 4：把输入信号调到最低值（如 4mA），按确认键确认。再点切换键设定输入信号的满位，把输入信号调到最高值（如 20mA），按确认键确认。

步骤 5：点切换键、增量键、减量键设定灵敏度和刹车时间。

步骤 6：反馈信号输出零位设定。

步骤 7：反馈信号输出满位设定。

步骤 8：设定断控制输入阀位的自动定位开度，设置成 100%。

步骤 9：设定完成后，按切换键几秒，退出并保存设定，进入手动状态。再点切换键变成自动状态。仪表投入运行。

模块 10   控制系统

学习情境描述

过程控制仪表及装置是实现生产自动化的重要工具。在自动控制系统中,由检测仪表将生产工艺参数变为电信号或气压信号后,不仅要由显示仪表显示或记录,让人们了解生产过程的情况,还需将信号传送给控制仪表和装置,对生产过程进行自动控制,使工艺参数符合预期要求。

学习目标:(1)了解简单控制系统和复杂控制系统的组成。

(2)掌握串级控制系统、比值控制系统、前馈控制系统的特点及应用场合。

能力目标:能分析和组建简单的控制系统。

10.1   简单控制系统

简单控制系统是指由一个测量装置、变送器、控制器、执行器组成的闭环控制系统,也称为单回路控制系统。它是过程控制系统中最基本、最简单的一种控制系统。

如图 10-1 所示,为制浆造纸生产过程中某浆池的一个简单的液位控制系统示意图(节选自工艺的一部分)。

图中 L 表示浆池液位,$\otimes$ 表示测量元件或变送器,LC 表示控制器,L_{sp} 表示液位的设定值。

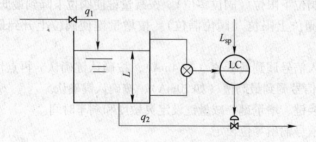

图 10-1   浆池液位的简单控制系统

为了便于分析,常将图 10-1 的控制系统用图 10-2 所示的方框图来表示。其中,调节阀、被控对象、测量变送器常称为"广义被控对象",也称为"广义对象",则简单控制系统可认为由控制器和广义对象两部分组成。

简单控制系统结构简单,所用仪表少,投资低,操作维护方便,而且一般情况下能满足工艺对控制质量的要求。因此这种控制系统在生产控制中得到广泛的应用。它适用于被控对象滞后时间较小,负荷和干扰变化不大,工艺对控制质量要求不高的场合。

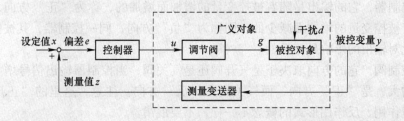

图 10-2 简单控制系统方框图

简单控制系统是学习各类复杂控制系统的基础,掌握了简单控制系统的工程分析、设计方法,认识了一个系统里各环节对控制质量的影响关系,懂得了系统设计的一般原则以后,就可以联系生产实际,处理其他更复杂控制系统的设计问题。

10.1.1 简单控制系统的投运

控制系统的投运是指将自动控制系统投入使用的过程。无论采用什么样的仪表,控制系统的投运一般都要经过准备工作,手动遥控,投入自动三个步骤。无论控制系统是安装完毕后的首次使用,还是生产设备停车检修后再开车运行,都要进行控制系统的投运。

10.1.1.1 准备工作

A 熟悉情况

熟悉工艺过程,了解主要工艺流程,主要设备的性能,控制指标和要求;熟悉控制方案,全面掌握设计意图,了解控制方案回路的构成及系统的关联程度,对测量元件和控制阀的安装位置、工艺介质的性质、管线走向、测量变量、操纵变量和被控变量等等都要心中有数;了解控制系统所用仪表的工作原理和结构,使用方法,并整定好控制器的 PID 参数。

B 全面检查

主要包括对测量元件、变送器、控制器、控制阀和其他仪表装置,以及电源、气源、管路和线路进行全面检查。电气线路有无接错和通断情况;气压信号管路有无漏气和堵塞;测量仪表进行现场校验,保证其能达到正常使用要求;总之对组成控制系统的各个环节的仪表要进行检查,确保仪表能正常使用。

C 确定好各环节的方向

由于自动控制系统是具有被控变量负反馈的系统,必须使控制作用与扰动作用的影响相反,才能克服扰动的影响。这里,就有一个作用方向的问题。所谓作用方向,就是指输入变化后,输出的变化方向。

在自动控制系统中,不仅控制器,而且被控对象、测量变送器、控制阀都有各自的作用方向。它们如果组合不当,使总的作用方向构成正反馈,则控制系统不但不能起控制作用,反而破坏了生产过程的稳定。所以在投运之前必须检查各环节的作用方向,看整个控制系统是否是被控变量为负反馈的系统。

对于变送器,其作用方向一般都是"正"的,因为被控变量增加时,变送器的输出也应当是增加的。

对于控制器，它的输出是随着被控变量的增加而增加的，称为"正"方向，如果它的输出是随着被控变量的增加而减少的，则称为"负"方向，同一控制器，其被控变量和设定值的变化对输出的影响是相反的。

对于控制阀，它的方向取决于是气开阀还是气关阀，当控制器输出信号增大时，气开阀的开度增大，是"正"方向，而气关阀是"反"方向。注意，这里的"正反"概念与控制阀的正作用、反作用形式的概念不一样，不要混淆。

被控对象的作用方向，随具体被控对象不同而不同。当控制阀开度增大时，被控变量也增大，则为"正"作用方向，否则为"反"作用方向。

当系统在设计和安装时，已经按负反馈的要求和工艺的安全要求，定好了控制器的方向，但在安装、调整时，可能把控制器的正、反作用开关动过了，所以必须重新检查。

在一个安装好的控制系统中，被控对象、变送器、控制阀的作用方向都是确定了的，所以主要是确定好控制器的作用方向。控制器上有"正"，"反"作用开关，在系统投运前，一定要确定好控制器的方向。

10.1.1.2　手动遥控

准备工作完毕，先投运测量仪表观察测量是否准确，再按控制阀投运步骤用手动遥控使被控变量在设定值附近稳定下来。

10.1.1.3　投入自动

待被控变量稳定后，由手动切换到自动，实现自动操作。无论是气动仪表或电动仪表，所有切换操作都不能使被控变量波动，即不使控制阀上的气压发生跳动。在切换时为了不使新的扰动"乘机"起作用，也要求切换操作迅速完成。所以，总的要求是平稳、迅速。

10.1.2　控制系统中常见问题及处理方法

自动控制系统投运后，经过长期运行，还会出现各种问题。在实际操作中，应具体问题具体分析，下面从控制方面举几种情况作为分析问题的启发。

10.1.2.1　被控对象特性变化

长期运行后，被控对象特性可能变化，使控制质量变坏。如所用的催化剂老化或中毒，换热器的管壁结垢而增大热阻、降低传热参数等等，分析结果确实被控对象特性已有变化，则可重新整定控制器参数，一般仍可获得较好的过渡过程。因为控制器参数值是针对被控对象特性而确定的，被控对象特性改变，控制参数也必须改变。

10.1.2.2　测量系统的问题

假如运行中虽然被控变量指示值变化不大，但可由参考仪表或其他参数判断出被控变量测量不准确时，就必须检查测量元件有无被结晶或被黏性物包住，遇此类情况应及时处理。还有工作介质中的结晶或粉末堵塞孔板和引压管；引压管中不是单相介质，如液中带气，气中带液，而未及时排放等等，都会造成测量信号失灵。至于热电偶和热电阻断开，指针达到最大或最小指示值，这是容易判断和处理的。为避免测量元件出故障，或因测量错误带来错误的操作，对重要的温度变量往往采用双支测量元件和两个显示仪表。其他变量也有用两套测量仪表的，以确保测量正确，又便于对比检查。如发现确属测量系统有问题，应由仪表人员进行处理。

10.1.2.3 控制阀使用中的问题

控制阀在使用中问题也不少，有腐蚀性的介质会使阀芯阀座变形，特性变坏，便会造成系统的不稳定。这时应关闭切断阀，人工操作旁路阀，由仪表人员更换控制阀。其他如气压信号管路漏气，阀门堵塞等问题应按维修规程处理。

10.1.2.4 控制器故障

控制器如果出现故障，可转入气动遥控板或电动手操器进行手动遥控，待换上备用表后即可投入运行，仪表控制器都必须有适量的备用件和备用品。

10.1.2.5 工艺操作的问题

工艺操作如果不正常，也会给控制系统带来很大的影响，情况严重时，只能转入手动遥控。例如，控制系统原来设计在中负荷条件下运行而在大负荷或很小负荷条件下就不相适应了；又如所用线性控制阀在小负荷时特性变坏，系统无法获得好质量，这时可考虑采用对数特性控制阀，情况会有所改善。

10.2 复杂控制系统

随着生产的发展，工艺的不断更新，导致对操作条件的要求更加严格，变量间的相互关系也更加复杂，对产品质量要求也更高。简单控制系统虽然可以解决生产中的大量控制问题，但对生产过程中某些特殊要求，如物料配比问题、前后生产工序相互协调问题、对生产安全的限值控制等，简单控制系统难以解决这些问题。相应地就出现了复杂控制系统。

10.2.1 串级控制系统

串级控制系统是一种常用的复杂控制系统，当对象滞后较大，存在变化剧烈、频繁的干扰，采用简单控制不能满足工艺要求时，可考虑采用串级控制系统。凡用两个控制器串联工作，主控制器的输出作为副控制器的设定值，由副控制器输出去操纵阀门（为了稳定一个主要工艺指标），结构上形成了两个闭合回路，这样的控制系统叫串级控制系统。

串级控制系统的组成。

串级控制系统可用图 10-3 的方块图表示。下面介绍串级控制系统的常见术语。

（1）主参数——是工艺控制指标，在串级系统中起主导作用的被控变量。

（2）副参数——为了稳定主参数，或因某种需要而引入的辅助参数。

（3）主被控对象——为主参数表征其特性的生产设备。

（4）副被控对象——为副参数表征其特性的生产设备。

（5）主控制器——按主参数与工艺规定值（设定值）的偏差工作，其输出作为副控制器的设定值，在系统中起主导作用。

（6）副控制器——按副参数与主控制器设定值的偏差工作，其输出去操纵控制阀的动作。

（7）主回路——是由主测量、变送，主副控制器，控制阀和主副被控对象构成的外回路，也称外环或主环。

（8）副回路——是由副测量、变送，副控制器，控制阀和副被控对象所构成的内回路，也称内环或副环。

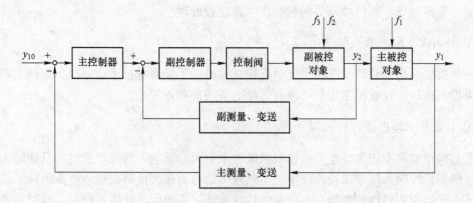

图 10-3　串级控制典型方块图

10.2.2　比值控制系统

10.2.2.1　比值控制系统的概念

在工业生产过程中，经常需要几种物料按一定的比例进行配比。如果一旦比例失调，就可能影响产品的质量，甚至可能造成生产事故或发生危险。例如在制浆造纸生产过程中，为了得到一定浓度的纸浆，必须保持好浓纸浆与稀释水之间的比例，在配浆过程中，为了满足纸机制造及成纸的性能要求，纸浆与染料、矾土、填料等按一定的比例混合。

总之，凡使两个以上参数保持规定比值关系的控制系统，称为比值控制系统。通常是指流量之间的比值控制，被控对象就是两个流量管道。一般以生产中主要物料的流量为主动信号，以另一物料的流量为从动信号；或者以不可控物料流量为主动信号，以可控物料流量为从动信号。

10.2.2.2　比值控制系统方案

A　开环比值控制

开环比值控制系统如图 10-4 所示。F_1 为主动流量，F_2 为从动流量。当 F_1 变化时，要求 F_2 赶上 F_1 变化，使 $F_2/F_1 = K$，保持一定的比值关系，由于测量信号取自 F_1，而控制信号送到 F_2，所以是开环。

这种方案的优点是结构简单，只用一台比例作用控制器就可以实现。但 F_2 无抗扰动能力，因此，只适用于 F_2 很稳定的场合。否则不能保证比值关系，实际上很少使用。

B 单闭环比值控制系统

单闭环比值控制系统如图 10-5 所示。与前一种相比，增加了一个从动物料流量 F_2 的闭环控制系统，并将主动流量控制器的输出作为副控制器的设定。形式上有点像串级控制，但主回路不闭合，主控制器仅接收主动物料的流量测量信号，却不控制它，主参数是可以任意变化而不受控制的。因此，主控制器实际上是个比例控制器，或者用一个比值器来代替；而副环的任务是快速精确地随主参数而动作。所以，副控制器可选用比例积分控制器。

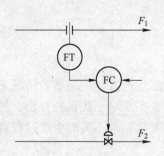

图 10-4 开环比值控制系统

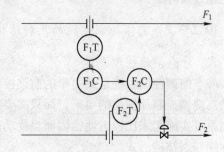

图 10-5 单闭环比值控制系统

10.2.2.3 变比值控制系统

以上两种均为定比值控制系统，但有的生产过程要求两物料的比值关系依生产中条件的变化而变化，以达到最好的效果。例如变换炉的生产运行中，要求半水煤气的流量和蒸汽流量有一定比值，但当一段触媒温度变化时，这个比值要求变到一个新的比值。

变比值控制系统（见图 10-6）又称串级比值控制系统，一般比值控制为副回路，而比值由另一个控制器来设定，所以形成串级的形式。比值的变化由温度控制器依据催化剂温度的变化而向副控制器输出设定值，使原来的比值随新的要求变化。这种变比值控制系统精度较高，应用较广。

比值控制不限于以上方案，还有其他形式。总而言之，比值控制要求从动物料流量迅速跟上主动物料流量的变化，而且越快越好，故又称为随动控制。控制过程也不应振荡，一般情况下希望它是一个没有振荡或有微弱振荡的过程。

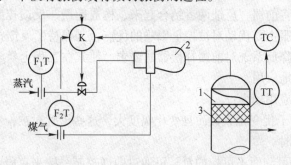

图 10-6 变比值控制系统

1—变换炉；2—喷射泵；3—触媒层

10.2.3　前馈控制系统

10.2.3.1　前馈控制系统的基本概念

前馈与反馈控制比较。前馈控制是一种按干扰进行控制的开环控制方法，当干扰出现以后，被控变量还未变化时，前馈控制器（也称前馈补偿装置）就根据干扰的幅值和变化趋势对操纵变量进行控制，来补偿干扰对被控变量的影响，所以相对于反馈控制，前馈控制是比较及时的。

10.2.3.2　前馈控制系统的几种结构形式

A　静态前馈控制系统

静态前馈控制系统是最简单的前馈控制系统，在实际生产过程中，多数情况下，并没有动态前馈控制那样高的要求，而只需要在稳定工况下，实现对干扰量的补偿。静态前馈控制系统实施起来比较方便，因而当扰动变化不大或对补偿要求不高的生产过程可采用静态前馈控制结构形式。

B　动态前馈控制系统

静态前馈控制系统虽然结构简单，易于实现，在一定程度上可改善过程品质，但在扰动作用下控制过程的动态偏差依然存在。对于扰动变化频繁和动态精度要求比较高的生产过程，对象两个通道动态特性又不相等时，静态前馈往往不能满足工艺上的要求，这时应采用动态前馈方案。

动态前馈与静态前馈从控制系统的结构上看是一样的，只是前馈控制器的控制规律不同。动态前馈要求控制器的输出不仅仅是干扰量的函数，而且也是时间的函数。要求前馈控制器的校正作用使被控变量的静态和动态误差都接近或等于零。显然这种控制规律是由对象的两个通道特性决定的，由于工业对象的特性千差万别，如果按对象特性来设计前馈控制器的话，将会种类繁多，一般都比较复杂，实现起来比较困难。一般采用在静态前馈的基础上，加上延迟环节和微分环节，以达到干扰作用的近似补偿。

10.2.4　前馈—反馈控制

通过前面的分析，知道前馈与反馈控制的优点和缺点总是相对应的，为了克服前馈控制的局限性，工程上将前馈、反馈两者结合起来，构成前馈—反馈控制系统，这样既发挥了前馈作用可及时克服主要扰动对被控量影响的优点，又保持了反馈控制能克服多个扰动影响的特点，同时也降低系统对前馈补偿器的要求，使其在工程上易于实现。因此这种控制系统在工程上广泛地应用。

前馈控制系统的应用场合：

（1）系统中存在干扰变化频繁而且变化幅度大，这些干扰对被控参数影响显著，反馈控制达不到质量要求时。

（2）主要干扰是可测而不可控的量。可通过前馈控制系统来克服。

（3）当控制系统的控制通道滞后时间较长，反馈控制难于满足工艺要求时，可采用前馈或前馈—反馈控制系统，以提高控制质量。

10.3 工 作 任 务

10.3.1 任务描述

观察图 10-7 纸浆浓度控制系统，说出图中哪些是测量对象、被测参数、被测对象和测量值及它们的作用。

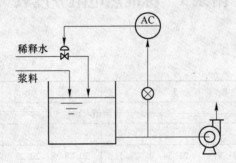

图 10-7 纸浆浓度控制系统

10.3.2 任务实施

测量对象是_____，作用是_____；

被测参数是_____，作用是_____；

被测对象是_____，作用是_____；

测量值是_____，作用是_____。

附　　录

附录 1　标准热电阻分度表

Pt100 热电阻分度表

$t/℃$	0	1	2	3	4	5	6	7	8	9
	电阻值/Ω									
−200	18.52									
−190	22.83	22.4	21.97	21.54	21.11	20.68	20.25	19.82	19.38	18.95
−180	27.1	26.67	26.24	25.82	25.39	24.97	24.54	24.11	23.68	23.25
−170	31.34	30.91	30.49	30.07	29.64	29.22	28.8	28.37	27.95	27.52
−160	35.54	35.12	34.7	34.28	33.86	33.44	33.02	32.6	32.18	31.76
−150	39.72	39.31	38.89	38.47	38.05	37.64	37.22	36.8	36.38	35.96
−140	43.88	43.46	43.05	42.63	42.22	41.8	41.39	40.97	40.56	40.14
−130	48	47.59	47.18	46.77	46.36	45.94	45.53	45.12	44.7	44.29
−120	52.11	51.7	51.29	50.88	50.47	50.06	49.65	49.24	48.83	48.42
−110	56.19	55.79	55.38	54.97	54.56	54.15	53.75	53.34	52.93	52.52
−100	60.26	59.85	59.44	59.04	58.63	58.23	57.82	57.41	57.01	56.6
−90	64.3	63.9	63.49	63.09	62.68	62.28	61.88	61.47	61.07	60.66
−80	68.33	67.92	67.52	67.12	66.72	66.31	65.91	65.51	65.11	64.7
−70	72.33	71.93	71.53	71.13	70.73	70.33	69.93	69.53	69.13	68.73
−60	76.33	75.93	75.53	75.13	74.73	74.33	73.93	73.53	73.13	72.73
−50	80.31	79.91	79.51	79.11	78.72	78.32	77.92	77.52	77.12	76.73
−40	84.27	83.87	83.48	83.08	82.69	82.29	81.89	81.5	81.1	80.7
−30	88.22	87.83	87.43	87.04	86.64	86.25	85.85	85.46	85.06	84.67
−20	92.16	91.77	91.37	90.98	90.59	90.19	89.8	89.4	89.01	88.62
−10	96.09	95.69	95.3	94.91	94.52	94.12	93.73	93.34	92.95	92.55
0	100	99.61	99.22	98.83	98.44	98.04	97.65	97.26	96.87	96.48
0	100	100.39	100.78	101.17	101.56	101.95	102.34	102.73	103.12	103.51
10	103.9	104.29	104.68	105.07	105.46	105.85	106.24	106.63	107.02	107.4
20	107.79	108.18	108.57	108.96	109.35	109.73	110.12	110.51	110.9	111.29
30	111.67	112.06	112.45	112.83	113.22	113.61	114	114.38	114.77	115.15

t/℃	0	1	2	3	4	5	6	7	8	9
	电阻值/Ω									
40	115.54	115.93	116.31	116.7	117.08	117.47	117.86	118.24	118.63	119.01
50	119.4	119.78	120.17	120.55	120.94	121.32	121.71	122.09	122.47	122.86
60	123.24	123.63	124.01	124.39	124.78	125.16	125.54	125.93	126.31	126.69
70	127.08	127.46	127.84	128.22	128.61	128.99	129.37	129.75	130.13	130.52
80	130.9	131.28	131.66	132.04	132.42	132.8	133.18	133.57	133.95	134.33
90	134.71	135.09	135.47	135.85	136.23	136.61	136.99	137.37	137.75	138.13
100	138.51	138.88	139.26	139.64	140.02	140.4	140.78	141.16	141.54	141.91
110	142.29	142.67	143.05	143.43	143.8	144.18	144.56	144.94	145.31	145.69
120	146.07	146.44	146.82	147.2	147.57	147.95	148.33	148.7	149.08	149.46
130	149.83	150.21	150.58	150.96	151.33	151.71	152.08	152.46	152.83	153.21
140	153.58	153.96	154.33	154.71	155.08	155.46	155.83	156.2	156.58	156.95
150	157.33	157.7	158.07	158.45	158.82	159.19	159.56	159.94	160.31	160.68
160	161.05	161.43	161.8	162.17	162.54	162.91	163.29	163.66	164.03	164.4
170	164.77	165.14	165.51	165.89	166.26	166.63	167	167.37	167.74	168.11
180	168.48	168.85	169.22	169.59	169.96	170.33	170.7	171.07	171.43	171.8
190	172.17	172.54	172.91	173.28	173.65	174.02	174.38	174.75	175.12	175.49
200	175.86	176.22	176.59	176.96	177.33	177.69	178.06	178.43	178.79	179.16
210	179.53	179.89	180.26	180.63	180.99	181.36	181.72	182.09	182.46	182.82
220	183.19	183.55	183.92	184.28	184.65	185.01	185.38	185.74	186.11	186.47
230	186.84	187.2	187.56	187.93	188.29	188.66	189.02	189.38	189.75	190.11
240	190.47	190.84	191.2	191.56	191.92	192.29	192.65	193.01	193.37	193.74
250	194.1	194.46	194.82	195.18	195.55	195.91	196.27	196.63	196.99	197.35
260	197.71	198.07	198.43	198.79	199.15	199.51	199.87	200.23	200.59	200.95
270	201.31	201.67	202.03	202.39	202.75	203.11	203.47	203.83	204.19	204.55
280	204.9	205.26	205.62	205.98	206.34	206.7	207.05	207.41	207.77	208.13
290	208.48	208.84	209.2	209.56	209.91	210.27	210.63	210.98	211.34	211.7
300	212.05	212.41	212.76	213.12	213.48	213.83	214.19	214.54	214.9	215.25
310	215.61	215.96	216.32	216.67	217.03	217.38	217.74	218.09	218.44	218.8
320	219.15	219.51	219.86	220.21	220.57	220.92	221.27	221.63	221.98	222.33
330	222.68	223.04	223.39	223.74	224.09	224.45	224.8	225.15	225.5	225.85
340	226.21	226.56	226.91	227.26	227.61	227.96	228.31	228.66	229.02	229.37
350	229.72	230.07	230.42	230.77	231.12	231.47	231.82	232.17	232.52	232.87
360	233.21	233.56	233.91	234.26	234.61	234.96	235.31	235.66	236	236.35
370	236.7	237.05	237.4	237.74	238.09	238.44	238.79	239.13	239.48	239.83
380	240.18	240.52	240.87	241.22	241.56	241.91	242.26	242.6	242.95	243.29

$t/℃$	0	1	2	3	4	5	6	7	8	9
	电阻值$/\Omega$									
390	243.64	243.99	244.33	244.68	245.02	245.37	245.71	246.06	246.4	246.75
400	247.09	247.44	247.78	248.13	248.47	248.81	249.16	249.5	245.85	250.19
410	250.53	250.88	251.22	251.56	251.91	252.25	252.59	252.93	253.28	253.62
420	253.96	254.3	254.65	254.99	255.33	255.67	256.01	256.35	256.7	257.04
430	257.38	257.72	258.06	258.4	258.74	259.08	259.42	259.76	260.1	260.44
440	260.78	261.12	261.46	261.8	262.14	262.48	262.82	263.16	263.5	263.84
450	264.18	264.52	264.86	265.2	265.53	265.87	266.21	266.55	266.89	267.22
460	267.56	267.9	268.24	268.57	268.91	269.25	269.59	269.92	270.26	270.6
470	270.93	271.27	271.61	271.94	272.28	272.61	272.95	273.29	273.62	273.96
480	274.29	274.63	274.96	275.3	275.63	275.97	276.3	276.64	276.97	277.31
490	277.64	277.98	278.31	278.64	278.98	279.31	279.64	279.98	280.31	280.64
500	280.98	281.31	281.64	281.98	282.31	282.64	282.97	283.31	283.64	283.97
510	284.3	284.63	284.97	285.3	285.63	285.96	286.29	286.62	286.85	287.29
520	287.62	287.95	288.28	288.61	288.94	289.27	289.6	289.93	290.26	290.59
530	290.92	291.25	291.58	291.91	292.24	292.56	292.89	293.22	293.55	293.88
540	294.21	294.54	294.86	295.19	295.52	295.85	296.18	296.5	296.83	297.16
550	297.49	297.81	298.14	298.47	298.8	299.12	299.45	299.78	300.1	300.43
560	300.75	301.08	301.41	301.73	302.06	302.38	302.71	303.03	303.36	303.69
570	304.01	304.34	304.66	304.98	305.31	305.63	305.96	306.28	306.61	306.93
580	307.25	307.58	307.9	308.23	308.55	308.87	309.2	309.52	309.84	310.16
590	310.49	310.81	311.13	311.45	311.78	312.1	312.42	312.74	313.06	313.39
600	313.71	314.03	314.35	314.67	314.99	315.31	315.64	315.96	316.28	316.6
610	316.92	317.24	317.56	317.88	318.2	318.52	318.84	319.16	319.48	319.8
620	320.12	320.43	320.75	321.07	321.39	321.71	322.03	322.35	322.67	322.98
630	323.3	323.62	323.94	324.26	324.57	324.89	325.21	325.53	325.84	326.16
640	326.48	326.79	327.11	327.43	327.74	328.06	328.38	328.69	329.01	329.32
650	329.64	329.96	330.27	330.59	330.9	331.22	331.53	331.85	332.16	332.48
660	332.79									

铂热电阻 Pt10 分度表（ITS-90）（$R_0 = 10.000\Omega$, $t = 0℃$）

℃		-200	-190	-180	-170	-160	-150	-140	-130	-120	-110	-100
Ω		1.852	2.283	2.71	3.134	3.554	3.972	4.388	4.8	5.211	5.619	6.026
℃		-90	-80	-70	-60	-50	-40	-30	-20	-10	0	
Ω		6.43	6.833	7.233	7.633	8.033	8.427	8.822	9.216	9.609	10	
℃		0	10	20	30	40	50	60	70	80	90	100
Ω		10	10.39	10.779	11.167	11.554	11.94	12.324	12.708	13.09	13.471	13.851

℃		110	120	130	140	150	160	170	180	190	200	210
Ω		14.229	14.607	14.983	15.358	15.733	16.105	16.477	16.848	17.217	17.586	17.953
℃		220	230	240	250	260	270	280	290	300	310	320
Ω		18.319	18.684	19.047	19.41	19.771	20.131	20.49	20.848	21.205	21.561	21.915
℃		330	340	350	360	370	380	390	400	410	420	430
Ω		22.268	22.621	22.972	23.321	23.67	24.018	24.364	24.709	25.053	25.396	25.738
℃		440	450	460	470	480	490	500	510	520	530	540
Ω		26.678	26.418	26.756	27.093	27.429	27.764	28.098	58.43	28.762	29.092	29.421
℃		550	560	570	580	590	600	610	620	630	640	650
Ω		29.749	30.075	30.401	30.725	31.049	31.371	31.692	32.012	32.33	32.648	32.964
℃		660	670	680	690	700	710	720	730	740	750	760
Ω		33.279	33.593	33.906	34.218	34.528	34.838	35.146	35.453	35.759	36.064	36.367
℃		770	780	790	800	810	820	830	840	850		
Ω		36.67	36.971	37.271	37.57	37.868	38.165	38.46	38.755	39.084		

铜热电阻 Cu50 分度表(ITS-90)($R_0 = 50.00\Omega$, $t = 0℃$)

℃	-50	-40	-30	-20	-10	0		
Ω	39.242	41.4	43.555	45.706	47.854	50		
℃	0	10	20	30	40	50	60	70
Ω	50	52.144	54.285	56.426	58.565	60.704	62.842	64.981
℃	80	90	100	110	120	130	140	150
Ω	67.12	69.259	71.4	73.542	75.686	77.833	79.982	82.134

铜热电阻 Cu100 分度表(ITS-90)($R_0 = 100.00\Omega$, $t = 0℃$)

℃	-50	-40	-30	-20	-10	0		
Ω	78.48	82.8	87.11	91.41	95.71	100		
℃	0	10	20	30	40	50	60	70
Ω	100	104.29	108.57	112.85	117.13	121.41	125.68	129.96
℃	80	90	100	110	120	130	140	150
Ω	134.24	138.52	142.8	147.08	151.37	155.67	156.96	164.27

附录 2 标准热电偶分度表

铂铑$_{10}$-铂热电偶(S型)分度表(ITS-90)(参考端温度为 0℃)

温度/℃	0	10	20	30	40	50	60	70	80	90
	热电动势/mV									
0	0	0.055	0.113	0.173	0.235	0.299	0.365	0.432	0.502	0.573
100	0.645	0.719	0.795	0.872	0.95	1.029	1.109	1.19	1.273	1.356

温度/℃	0	10	20	30	40	50	60	70	80	90
	热电动势/mV									
200	1.44	1.525	1.611	1.698	1.785	1.873	1.962	2.051	2.141	2.232
300	2.323	2.414	2.506	2.599	2.692	2.786	2.88	2.974	3.069	3.164
400	3.26	3.356	3.452	3.549	3.645	3.743	3.84	3.938	4.036	4.135
500	4.234	4.333	4.432	4.532	4.632	4.732	4.832	4.933	5.034	5.136
600	5.237	5.339	5.442	5.544	5.648	5.751	5.855	5.96	6.065	6.169
700	6.274	6.38	6.486	6.592	6.699	6.805	6.913	7.02	7.128	7.236
800	7.345	7.454	7.563	7.672	7.782	7.892	8.003	8.114	8.255	8.336
900	8.448	8.56	8.673	8.786	8.899	9.012	9.126	9.24	9.355	9.47
1000	9.585	9.7	9.816	9.932	10.048	10.165	10.282	10.4	10.517	10.635
1100	10.754	10.872	10.991	11.11	11.229	11.348	11.467	11.587	11.707	11.827
1200	11.947	12.067	12.188	12.308	12.429	12.55	12.671	12.792	12.912	13.034
1300	13.155	13.397	13.397	13.519	13.64	13.761	13.883	14.004	14.125	14.247
1400	14.368	14.61	14.61	14.731	14.852	14.973	15.094	15.215	15.336	15.456
1500	15.576	15.697	15.817	15.937	16.057	16.176	16.296	16.415	16.534	16.653
1600	16.771	16.89	17.008	17.125	17.243	17.36	17.477	17.594	17.711	17.826
1700	17.942	18.056	18.17	18.282	18.394	18.504	18.612	—	—	—

镍铬-镍硅热电偶(K型)分度表(参考端温度为0℃)

温度/℃	0	10	20	30	40	50	60	70	80	90
	热电动势/mV									
0	0	0.397	0.798	1.203	1.611	2.022	2.436	2.85	3.266	3.681
100	4.095	4.508	4.919	5.327	5.733	6.137	6.539	6.939	7.338	7.737
200	8.137	8.537	8.938	9.341	9.745	10.151	10.56	10.969	11.381	11.793
300	12.207	12.623	13.039	13.456	13.874	14.292	14.712	15.132	15.552	15.974
400	16.395	16.818	17.241	17.664	18.088	18.513	18.938	19.363	19.788	20.214
500	20.64	21.066	21.493	21.919	22.346	22.772	23.198	23.624	24.05	24.476
600	24.902	25.327	25.751	26.176	26.599	27.022	27.445	27.867	28.288	28.709
700	29.128	29.547	29.965	30.383	30.799	31.214	31.214	32.042	32.455	32.866
800	33.277	33.686	34.095	34.502	34.909	35.314	35.718	36.121	36.524	36.925
900	37.325	37.724	38.122	38.915	38.915	39.31	39.703	40.096	40.488	40.879
1000	41.269	41.657	42.045	42.432	42.817	43.202	43.585	43.968	44.349	44.729
1100	45.108	45.486	45.863	46.238	46.612	46.985	47.356	47.726	48.095	48.462
1200	48.828	49.192	49.555	49.916	50.276	50.633	50.99	51.344	51.697	52.049
1300	52.398	52.747	53.093	53.439	53.782	54.125	54.466	54.807	—	—

铂铑₃₀-铂铑 6 热电偶（B 型）分度表（参考端温度为 0℃）

温度/℃	0	10	20	30	40	50	60	70	80	90
	热电动势/mV									
0	0	−0.002	−0.003	0.002	0	0.002	0.006	0.11	0.017	0.025
100	0.033	0.043	0.053	0.065	0.078	0.092	0.107	0.123	0.14	0.159
200	0.178	0.199	0.22	0.243	0.266	0.291	0.317	0.344	0.372	0.401
300	0.431	0.462	0.494	0.527	0.516	0.596	0.632	0.669	0.707	0.746
400	0.786	0.827	0.87	0.913	0.957	1.002	1.048	1.095	1.143	1.192
500	1.241	1.292	1.344	1.397	1.45	1.505	1.56	1.617	1.674	1.732
600	1.791	1.851	1.912	1.974	2.036	2.1	2.164	2.23	2.296	2.363
700	2.43	2.499	2.569	2.639	2.71	2.782	2.855	2.928	3.003	3.078
800	3.154	3.231	3.308	3.387	3.466	3.546	2.626	3.708	3.79	3.873
900	3.957	4.041	4.126	4.212	4.298	4.386	4.474	4.562	4.652	4.742
1000	4.833	4.924	5.016	5.109	5.202	5.299	5.391	5.487	5.583	5.68
1100	5.777	5.875	5.973	6.073	6.172	6.273	6.374	6.475	6.577	6.68
1200	6.783	6.887	6.991	7.096	7.202	7.038	7.414	7.521	7.628	7.736
1300	7.845	7.953	8.063	8.172	8.283	8.393	8.504	8.616	8.727	8.839
1400	8.952	9.065	9.178	9.291	9.405	9.519	9.634	9.748	9.863	9.979
1500	10.094	10.21	10.325	10.441	10.588	10.674	10.79	10.907	11.024	11.141
1600	11.257	11.374	11.491	11.608	11.725	11.842	11.959	12.076	12.193	12.31
1700	12.426	12.543	12.659	12.776	12.892	13.008	13.124	13.239	13.354	13.47
1800	13.585	13.699	13.814	—	—	—	—	—	—	—

镍铬-铜镍（康铜）热电偶（E 型）分度表（参考端温度为 0℃）

温度/℃	0	10	20	30	40	50	60	70	80	90
	热电动势/mV									
0	0	0.591	1.192	1.801	2.419	3.047	3.683	4.329	4.983	5.646
100	6.317	6.996	7.683	8.377	9.078	9.787	10.501	11.222	11.949	12.681
200	13.419	14.161	14.909	15.661	16.417	17.178	17.942	18.71	19.481	20.256
300	21.033	21.814	22.597	23.383	24.171	24.961	25.754	26.549	27.345	28.143
400	28.943	29.744	30.546	31.35	32.155	32.96	33.767	34.574	35.382	36.19
500	36.999	37.808	38.617	39.426	40.236	41.045	41.853	42.662	43.47	44.278
600	45.085	45.891	46.697	47.502	48.306	49.109	49.911	50.713	51.513	52.312
700	53.11	53.907	54.703	55.498	56.291	57.083	57.873	58.663	59.451	60.237
800	61.022	61.806	62.588	63.368	64.147	64.924	65.7	66.473	67.245	68.015
900	68.783	69.549	70.313	71.075	71.835	72.593	73.35	74.104	74.857	75.608
1000	76.358	—	—	—	—	—	—	—	—	—

参 考 文 献

[1] 张东风. 热工测量及仪表[M]. 北京：中国电力出版社，2007.

[2] 厉玉鸣. 化工仪表及自动化[M]. 北京：化学工业出版社，2005.

[3] 林锦国. 过程控制—系统·仪表·装置[M]. 南京：东南大学出版社，2001.

[4] 程蓓. 过程检测仪表一体化教程[M]. 北京：化学工业出版社，2013.

[5] 邵裕森. 过程控制及仪表[M]. 上海：上海交通大学出版社，1995.

[6] 张红翠. 过程控制仪表[M]. 北京：化学工业出版社，2008.

[7] 解西钢. 过程检测仪表[M]. 北京：化学工业出版社，2008.

[8] 乐家谦. 化工仪表维修工[M]. 北京：化学工业出版社，2005.

[9] 刘焕彬. 制浆造纸过程自动测量与控制[M]. 北京：中国轻工业出版社，2008.

[10] 廖常初. PLC 编程及应用[M]. 北京：机械工业出版社，2000.

[11] 施仁，刘文江，郑辑光. 自动化仪表与过程控制[M]. 北京：电子工业出版社，2003.

[12] 明赐东. 调节阀应用 1000 问[M]. 北京：化学工业出版社，2006.

[13] 汪光灵. 在线分析仪表[M]. 北京：化学工业出版社，2006.

[14] 王永红. 过程检测仪表[M]. 北京：化学工业出版社，2010.

[15] 张宏建，蒙建波. 自动检测技术与装置[M]. 北京：化学工业出版社，2006.

[16] 邵联合. 过程检测与控制仪表一体化教程[M]. 北京：化学工业出版社，2013.

[17] 陈杰，黄鸿. 传感器与检测技术[M]. 北京：高等教育出版社，2002.

[18] 孙自强. 生产过程自动化及仪表[M]. 上海：华东理工大学出版社，1999.

[19] 盛炳乾，李军. 工业过程测量与控制[M]. 北京：中国轻工业出版社，1996.

[20] 张运展. 制浆造纸厂的仪表配置与自动控制[M]. 北京：中国轻工业出版社，1992.

冶金工业出版社部分图书推荐

书 名	作 者	定价(元)
现代企业管理(第2版)(高职高专教材)	李 鹰	42.00
Pro/Engineer Wildfire 4.0(中文版)钣金设计与焊接设计教程 (高职高专教材)	王新江	40.00
Pro/Engineer Wildfire 4.0(中文版)钣金设计与焊接设计教程 实训指导(高职高专教材)	王新江	25.00
应用心理学基础(高职高专教材)	许丽遐	40.00
建筑力学(高职高专教材)	王 铁	38.00
建筑CAD(高职高专教材)	田春德	28.00
冶金生产计算机控制(高职高专教材)	郭爱民	30.00
冶金过程检测与控制(第3版)(高职高专国规教材)	郭爱民	48.00
天车工培训教程(高职高专教材)	时彦林	33.00
工程图样识读与绘制(高职高专教材)	梁国高	42.00
工程图样识读与绘制习题集(高职高专教材)	梁国高	35.00
电机拖动与继电器控制技术(高职高专教材)	程龙泉	45.00
金属矿地下开采(第2版)(高职高专教材)	陈国山	48.00
磁电选矿技术(培训教材)	陈 斌	30.00
自动检测及过程控制实验实训指导(高职高专教材)	张国勤	28.00
轧钢机械设备维护(高职高专教材)	袁建路	45.00
矿山地质(第2版)(高职高专教材)	包丽娜	39.00
地下采矿设计项目化教程(高职高专教材)	陈国山	45.00
矿井通风与防尘(第2版)(高职高专教材)	陈国山	36.00
单片机应用技术(高职高专教材)	程龙泉	45.00
焊接技能实训(高职高专教材)	任晓光	39.00
冶炼基础知识(高职高专教材)	王火清	40.00
高等数学简明教程(高职高专教材)	张永涛	36.00
管理学原理与实务(高职高专教材)	段学红	39.00
PLC编程与应用技术(高职高专教材)	程龙泉	48.00
变频器安装、调试与维护(高职高专教材)	满海波	36.00
连铸生产操作与控制(高职高专教材)	于万松	42.00
小棒材连轧生产实训(高职高专教材)	陈 涛	38.00
自动检测与仪表(本科教材)	刘玉长	38.00
电工与电子技术(第2版)(本科教材)	荣西林	49.00
计算机应用技术项目教程(本科教材)	时 魏	43.00
FORGE塑性成型有限元模拟教程(本科教材)	黄东男	32.00
自动检测和过程控制(第4版)(本科国规教材)	刘玉长	50.00